Neue Bahnhöfe in Berlin

Neue Bahnhöfe in Berlin

CHRISTEL KAPITZKI

JOVIS

Christel Kapitzki, geboren 1959 in Duisburg, Studium der Literaturwissenschaft und Kunstgeschichte an der Freien Universität Berlin.
Nach internationalen Ausstellungsprojekten seit 1990 vorwiegend Arbeiten im Bereich Architektur und Städtebau sowie Koordination von Kunstwettbewerben.
Autorin diverser Publikationen und TV-Features.

jovis Verlagsbüro
Kurfürstenstraße 15/16
D-10785 Berlin

Lektorat:	Rudolf Mast
Korrektur:	Alexa Geisthövel
Bildredaktion:	Yamin von Rauch
Gestaltung:	Ⓢ sans serif, Berlin
Lithographie:	Blank & Reschke, Berlin
Druck und Bindung:	DBC Druckhaus Berlin-Centrum, Berlin

Printed in Germany 1998

ISBN 3-931321-89-4

Bahnhöfe

Vorwort

AUF DEM WEG ZU KUNDENFREUNDLICHEN BAHNHÖFEN

Die Deutsche Bahn AG hat sich mit der Bahnreform zum Ziel gesetzt, mehr Verkehr auf die Schiene zu bringen. Ein Schlüssel dazu sind die Bahnhöfe. Nur wenn sie sauber und sicher sind, hervorragenden Service und ergänzende Dienstleistungen bieten, werden wir unsere Kunden für uns begeistern können. Aus diesem Grund haben wir 1994 damit begonnen, die Bahnhöfe zu modernen Verkehrsstationen umzugestalten.

In besonderem Maße gilt das natürlich für die Bundeshauptstadt Berlin: Mit dem Umbau des Bahnhofs Zoologischer Garten hat sich die DB AG viel Sympathie erworben. Zur Inbetriebnahme der Stadtbahn am 24. Mai 1998 wurden auch kleinere Bahnhöfe wie Hackescher Markt oder Bellevue vollständig saniert. Im Bahnhof Berlin Alexanderplatz wurden die alten Viaduktbögen sorgfältig wieder freigelegt und mit modernen Gestaltungselementen sowie kundenfreundlichen Dienstleistungseinrichtungen so gestaltet, daß eine gelungene Verbindung von alt und neu heute die bewegte Geschichte dieses Bahnhofs im Herzen der Hauptstadt erzählt. Auch der Bahnhof Berlin Friedrichstraße wird ab Frühjahr 1999 auch im Bereich unter den Fernbahngleisen für angenehmen Aufenthalt und attraktiven Kundenservice sorgen.

Anders als in jeder anderen deutschen Stadt kommen dazu vier große Neubauprojekte, allen voran der Lehrter Bahnhof, der als zentraler Hauptstadtbahnhof ab dem Frühjahr 2003 nicht nur der größte Bahnhof in Deutschland sein wird, sondern auch der einzige, in dem sich aus verschiedenen Richtungen kommende Bahnstrecken kreuzen. Mit seiner besonderen, bewußt mit viel Glas transparent gehaltenen Konstruktion verspricht er zudem ein architektonisches Meisterwerk der sich entwickelnden Metropole zu werden. Dazu kommen als weitere Neubauten die ICE-Bahnhöfe Spandau, Gesundbrunnen und Papestraße, von denen der Bahnhof Spandau noch 1998 fertig wird.

Bei all diesen Projekten steht grundsätzlich immer die Funktion des Bahnhofs als Verkehrsstation im Vordergrund, ergänzt durch die Schaffung von attraktiven Dienstleistungs- und Kommunikationsangeboten. Bei vorhandenen Bauwerken wird – soweit technisch möglich – die ursprüngliche Großzügigkeit der Architektur der alten Empfangsgebäude wieder hergestellt und durch moderne Elemente wie die neuen *ReiseZentren* ergänzt. Bei Neubauten wird auf Transparenz und moderne Großzügigkeit besonderer Wert gelegt. In allen Bahnhöfen befindet sich das *ReiseZentrum* in zentraler Lage und bündelt alle Dienstleistungen rund um das Reisen mit der Bahn sowie mit anderen Verkehrsmitteln. Städteinformation und touristische Angebote werden integriert.

Ergänzt wird das *ReiseZentrum* in den größeren Bahnhöfen durch die *DB Lounge*, ein Angebot, das an die alte Tradition der Wartesäle anknüpft – in zeitgerechter Form. Moderne Toilettenanlagen, die Sanierung von Hallendächern sowie neu gestaltete Bahnsteige kommen hinzu. Das neue Informations- und Wegeleitsystem soll für einfache Orientierung, optimierte Bahnsteigzugänge und bequeme Wege für Reisende und Besucher sorgen.

Der Bahnhof als Tor zu den Zügen und als Tor zur

Stadt muß den gestiegenen Ansprüchen der heutigen Kunden wieder genügen. Das bahnspezifische Angebot wird daher durch ein kundenorientiertes Vermarktungskonzept ergänzt: Gastronomie und Einzelhandel, aber auch andere Dienstleister wie Rechtsanwälte und Ärzte sowie kommunale Einrichtungen bis hin zu kulturellen Angeboten und Hotelflächen können in den Bahnhöfen angesiedelt werden. Die Nutzung wird im einzelnen auf die Frequenz und die Zusammensetzung der Reisendenströme sowie die in unmittelbarer Bahnhofsnähe bereits vorhandene Dienstleistungsstruktur abgestimmt. So gibt es in den stark von Pendlern und Touristen frequentierten Bahnhöfen Berlin Alexanderplatz und Berlin Friedrichstraße viele kleinere Läden und Boutiquen sowie ein reichhaltiges Gastronomieangebot, während der Lehrter Bahnhof zusätzlich Büroflächen enthält.

Denn eins ist sicher: Nur wenn wir an allen Bahnhöfen und Haltepunkten jeweils auf den Standort und das Umfeld abgestimmte attraktive Serviceangebote schaffen, wird es uns gelingen, möglichst viele Reisende von den Vorteilen des Verkehrssystems Bahn zu überzeugen. Das gilt für die Millionenstadt Berlin genauso wie für die Städte und Gemeinden in allen Regionen Deutschlands.

Martin Lepper
Leiter des Geschäftsbereichs Personenbahnhöfe
der Deutschen Bahn AG

Einleitung

METROPOLE IM SCHIENENNETZ

Bahnhöfe und Schienenfahrzeuge werden im nächsten Jahrtausend weit mehr als heute zu unserem Alltag gehören. Die Konkurrenz durch Autos und Flugzeuge, vor allem aber die politische Teilung, ließen die Eisenbahnstadt Berlin zur Bedeutungslosigkeit verkommen. Ob es die großen Berliner Fernbahnhöfe, die Regionalbahnhöfe oder die S- und U-Bahnhöfe sind, mehr denn je werden sie künftig wieder genutzt werden.

Bis zur Verwirklichung dieses Zukunftsszenarios ist es noch ein weiter Weg, und vorerst sieht es so aus, als wolle man sich lange mit möglichst kleinen Schritten dorthin aufhalten. Für die nächsten Jahre wird ein weiteres Anwachsen des Privatverkehrs erwartet, was letztlich auch den Wert der immensen städtebaulichen Entwicklungen Berlins in Frage stellen wird. Denn solange endlose Autoschlangen die neuen Stadtquartiere beherrschen, sind öffentliche Räume und auf historische Breite zurückgebaute Straßen ein zweifelhaftes Vergnügen. Angesichts des drohenden Verkehrskollapses kann es jedoch nicht darum gehen, erst dann aus der Not eine Tugend zu machen, wenn nichts mehr geht, und im Jahr 2010 in Folge eine grundsätzliche Benutzung des ÖPNV zu verordnen. Vielmehr sollten bereits heute, einer solchen Entwicklung zum Trotz, durch ein allgemein verändertes Mobilitätsdenken neue Tatsachen geschaffen werden. In ländlichen Gebieten haben Autos sicher weiterhin ihre Berechtigung, aber in Massenmetropolen braucht man Massenverkehrsmittel.

Einen wichtigen Ansatz dazu und gleichsam interessanten Einstieg in ein metropolitanes Verkehrsverhalten ermöglichen die ehrgeizigen »Projekte 21« der Deutschen Bahn AG. Die angestrebte »Renaissance der Bahnhöfe« soll die Funktionen wiederbeleben, die diese im 19. und beginnenden 20. Jahrhundert einmal hatten: »Orte größter gesellschaftlicher Bedeutung« und »Brennpunkte innerstädtischen Lebens« zu sein, so Heinz Dürr, ehemaliger Vorstandsvorsitzender der Deutschen Bahn AG.

Dazu bedarf es allerdings größter Anstrengungen, denn immer noch ist das Image der Bahn, insbesondere im innerstädtischen Bereich, eher schlecht. Während die vielen Baustellen – selbst große Umbaumaßnahmen finden etappenweise, bei rollendem Verkehr statt – von den Berlinern geduldig in Kauf genommen werden, stoßen die Mißstände im Servicebereich zunehmend auf Unverständnis: mangelnde Information bei Unregelmäßigkeiten im Zugverkehr, überwiegend geschlossene Fahrkartenschalter und defekte, veraltete Automaten. Hinzu kommt die ständige Sorge um Kleidung und Gepäck sowie die bedrückende Tatsache, daß man bei den meisten Bahnhöfen erst wieder aufatmen kann, wenn man sie verlassen hat.

Aber wie bereits angedeutet, soll sich all dies bald ändern. Daran arbeitet die Deutsche Bahn AG bereits seit mehreren Jahren im Rahmen ihres für Berlin besonders umfangreichen Modernisierungsprogramms. Unterstützt wird sie dabei von der Bauausführungsgesellschaft DB Knoten Berlin, der VDE Berlin (Verkehrsprojekte Deutsche Einheit) und der Betreibergesellschaft S-Bahn Berlin.

Die veränderte politische Situation wie auch die Bahnreform, an deren Ende eine neue Rechtsform stand, leitete ein generelles Umdenken und zugleich intensive Planungen für das nächste Jahrtausend ein. Für die Hauptstadt bedeutet dies, daß das Eisenbahnnetz von und nach Berlin bis zum Regierungsumzug dahingehend ausgebaut sein muß, daß Reisende aus allen Himmelsrichtungen direkt in die Innenstadt gelangen können. Dies läßt sich dank der vorhandenen polyzentralen Struktur des Berliner Schienennetzes und der Entscheidung für das Pilzkonzept problemlos realisieren, so daß die Stadt nach Abschluß aller Baumaßnahmen über sieben Fernbahnhöfe und mindestens 145 S-Bahnhöfe verfügen wird. Geschwindigkeiten von 160 bis 280 Stundenkilometern (ICE) lassen die Bahn auch im Berliner Raum dann endlich zu einer echten Alternative zu Inlandsflugverkehr und Autoverkehr werden.

Höchste Zeit also, sich diese Verkehrsstationen, die den Beginn oder das Ende einer Reise markieren und im Nahverkehrs- und innerstädtischen Bereich zum täglichen Leben gehören werden, genauer anzuschauen. Ob die neuen Eingangsgebäude und Bahnsteighallen nach ihrer Fertigstellung wie vor hundert Jahren noch Gruppen von Schaulustigen anziehen werden, ist zu bezweifeln; aufmerksames Interesse aber verdienen sie allemal. Denn die Deutsche Bahn AG hat sich einiges einfallen lassen, um einem breiten Spektrum von Kunden mit unterschiedlichsten Wünschen und Ansprüchen gerecht zu werden und den Aufenthalt in ihren Gebäuden so angenehm wie möglich zu gestalten. Dies geschieht, vor allem bei den Neubauten, auf der Grundlage einer zukunftsweisenden Architektur, die durchaus repräsentativen Charakter hat und sich gleichzeitig der Tatsache bewußt bleibt, daß es um die Gestaltung von halböffentlichen Räumen geht. Die Architektur kann ihre Mittel hier bewußt zurückhaltend einsetzen, denn Buntheit und lebendige Vielfalt erhält ein solches Bauwerk durch die Menschen, die sich darin aufhalten. Im Vordergrund steht daher immer die Funktion als Verkehrsstation. Unter Verwendung natürlicher, handwerklicher Materialien wird ein Konzept der Einfachheit und Klarheit verfolgt. Als oberstes Gebot für die planenden Architekten scheint zu gelten, möglichst viel Tageslicht in die Bahnhöfe zu bringen. Dazu werden nicht nur Dächer geöffnet und ganze Fassaden verglast, es wird auch versucht, Tageslicht einzufangen, um es in die unterirdischen Bahnhöfe zu leiten. Am Potsdamer Platz geschieht dies z. B. mit Hilfe von Plexiglassäulen, die im Straßenraum aufgestellt werden und dort zugleich ein dekoratives Element bilden.

Diese Vorgaben werden von bekannten und erfahrenen Architektenteams umgesetzt, allen voran das Büro von Gerkan, Marg und Partner, das u. a. eine Typologie des modernen Bahnhofsdachs entwickelt hat, die man inzwischen in mehreren deutschen Städten bewundern kann.

Den vielerorts notwendigen Umbaumaßnahmen hingegen sieht man die komplizierten Planungsarbeiten oft nicht an. Im sensiblen Umgang mit den alten Bahnhöfen und ihrer historischen Substanz gelingt es den Architekten, die Großzügigkeit alter Anlagen wieder erkennbar zu machen und diese mit den modernen Erfordernissen zu kombinieren. Dazu gehört neben einem behindertengerechten Erschließungssystem eine neue Flächenaufteilung, um zum einen kommerzielle Nutzungen und zum anderen die Unterbringung der DB-Serviceeinrichtungen zu ermöglichen. Es entstehen sogenannte *ReiseZentren*, die sich als Drehscheibe für sämtliche Auskünfte rund um die Bahnreise verstehen, sowie einladende Aufenthaltsbereiche, mancherorts auch die *DB-Lounges*. Hinzu kommen Vorgaben für die Einführung des neuen vereinheitlichten Wegeleit- und Orientierungssystems, die die planenden Architekten einzuhalten haben.

Selbst Stationen ohne Empfangsgebäude, die lediglich über einen Wetterschutz verfügen, erhalten einen leuchtend roten Pavillon, *DB-PlusPunkt* genannt, in dem der Reisende Fahrkartenautomaten, Telefon und Notrufsäulen vorfindet und Verkehrspläne einsehen kann. Auch in puncto Wetterschutz sind Veränderungen geplant – zumal auf der Stadtbahnlinie, wo man an den gelungenen Beispielen Bellevue und Tiergarten sieht, daß durch intelligenten Einsatz der Mittel auch solche Haltestellen in der Lage sind, die Aura der Notdürftigkeit loszuwerden.

Breiten Raum, im wahrsten Sinne des Wortes, nehmen unter den »Erfordernissen« im Rahmen des großen Erneuerungsprogramms die Vermarktungsflächen ein, die in nahezu allen großen Bahnhöfen entstehen werden. Diese Überlegung ist nicht neu, denn schon im vorigen Jahrhundert waren Bahnhöfe auch Handelsplätze. In Berlin gab es allein 600 gewerblich genutzte Stadtbahnbögen, in denen vor allem der Handel mit frischen Lebensmitteln blühte. In der Folge entstanden dort Gaststätten, deren Küche selbst Feinschmecker anzog. All dies entwickelte sich allmählich, in einer Zeit des allgemeinen Aufschwungs. Wenn heute pro Bahnhof mitunter 50 bis 70 Laden- und Dienstleistungseinheiten eröffnet werden, regen sich allerdings berechtigte Zweifel an der Konzeption dieser »Warenhäuser mit Gleisanschluß«. Von wirtschaftlicher Blüte kann derzeit in Berlin nicht die Rede sein, und so muß man fragen dürfen, an welche Bevölkerungsgruppe gedacht ist, die offenbar täglich mit stets geöffnetem Portemonnaie in den Bahnhöfen flanieren soll. Ob dieser Aspekt der Erneuerung Zukunft hat, muß sich erst noch zeigen.

Um die Weichen für eine Wechselwirkung zwischen Bahnhof und Stadt zu stellen, werden in Zusammenarbeit mit den jeweiligen Senatsabteilungen auch die Bahnhofsvorplätze neu gestaltet, Bus-, Taxi- und Tramhaltestellen in die unmittelbare Nähe verlegt und hell erleuchtete Fußwege geschaffen. Zunehmend werden auch Landschaftsarchitekten in solche Planungen einbezogen, um die Attraktivität des Bahnhofsumfeldes zu erhöhen.

Hinzu kommen Investoren, denen das Aufbauprogramm der Bahn Initialzündung ist, sich um Baugrundstücke in Bahnhofsvierteln zu bemühen. Erfreulicherweise werden sich dort nicht nur Hotels und Einkaufszentren ansiedeln, sondern auch Großunternehmen wählen als Firmensitz gern eine Adresse in Bahnhofsnähe. Darüber hinaus hat man offenbar aus den Fehlern der jüngsten Vergangenheit gelernt und achtet nun darauf, in den Planungsverfahren einen ausreichend hohen Anteil an Wohnungen festzulegen, um den Wunsch nach Lebendigkeit zu verwirklichen.

Der Erfolg all dieser Maßnahmen wird letztlich jedoch davon abhängen, ob es gelingt, primäre Erwartungen zu erfüllen, denn nicht anders als vor 100 Jahren legt der Bahnbenutzer vor allem Wert auf Pünktlichkeit, Sauberkeit, kurze Wege, geringe Wartezeiten und einen freundlichen Service. Wenn weitere Annehmlichkeiten hinzukommen, könnten sich Bahnhöfe und ihre Umgebung um so selbstverständlicher als Stätten urbaner Vielfalt herausbilden, auf daß die oben erwähnte Wechselwirkung zwischen Bahnstation und Stadt wieder in Gang gesetzt wird. Bleibt es aber dabei, daß sich der Benutzer als bloßes Objekt betriebsinterner Abläufe und Entscheidungen fühlen muß, werden ihn weder lichtdurchflutete Bahnhofshallen noch eine glitzernde Warenwelt dorthin locken.

Welche Zielvorstellungen aus verkehrsplanerischer, architektonischer und urbanistischer Sicht den Neu- und Umbaumaßnahmen zugrunde liegen und welche Veränderungen die jeweiligen Bahnhofsviertel erfahren werden, ist Gegenstand dieses Buches. Anhand zahlreicher Beispiele wird gezeigt, daß der Ausbau des Schienennetzes im Fern- und im Öffentlichen Personennahverkehr, wie er für die Stadt Berlin geplant ist, in vielerlei Hinsicht entscheidende Verbesserungen bedeutet. Zugleich wird ein Massenverkehrsmittel vorgestellt, das nicht nur ökologisch vertretbar ist, sondern darüber hinaus eine Attraktivität besitzt, die die Benutzung eines Privat-Pkws stärker als bisher in Frage zu stellen vermag. Denn nicht zuletzt will das Buch Plädoyer dafür sein, durch vorausschauendes Handeln nicht nur den prognostizierten Verkehrskollaps zu verhindern, sondern auch aktiv jene Parameter zu entwickeln, an denen heute die Qualität von Metropolen gemessen wird. Dazu gehört ein optimales, von allen Schichten der Bevölkerung gern genutztes öffentliches Personenverkehrssystem, das vom Nahverkehr über den Fernverkehr bis zur Magnetschnellbahn reicht.

Berlin und seine Eisenbahnen

Die erste Eisenbahn in Kontinentaleuropa fuhr 1835, nachdem schon zehn Jahre zuvor in England die erste Strecke eingerichtet worden war. Die erste deutsche Bahn verband Nürnberg und Fürth. Nach der bayerischen und der sächsischen Bahn (Leipzig – Dresden 1839) entstand die dritte Bahn in Deutschland in Preußen: Gesuche beim preußischen König, Bahnlinien einzurichten, wurden zunächst nur zögernd behandelt: »Ich sehe keinen Vorteil dabei, wenn eine Stunde früher in Potsdam«, wird der Monarch etwa zitiert. Der für den Truppentransport militärisch vorteilhaften Anbindung der Westprovinzen stand die Befürchtung entgegen, daß die Bahn als Massentransportmittel »zu demokratisch« sei. Die Passagiere der ersten Bahnen mußten deshalb zwischen vier Wagenklassen wählen. »Klassenlos« ist die Bahn schließlich bis heute nicht. Erst 1837 wurde eine Konzession an eine eigens gegründete Aktiengesellschaft vergeben. Im Oktober 1838 nahm die Berlin-Potsdamer Eisenbahn die erste Bahnverbindung zwischen den beiden preußischen Residenzstädten auf. Sie wurde deshalb »Stammbahn« genannt. Für die königlichen Hoheiten standen in den Stationen eigene Eingänge, Warteräume,

»Der Bahnhof der Berlin-Potsdamer Eisenbahn zu Berlin«, Stahlstich 1838

oben: Niederschlesisch-Märkischer Bahnhof, um 1870

unten: Hamburger Bahnhof, um 1870

Züge und Personal bereit. Fahrkarten gab es in der Buchhandlung zu kaufen. Es folgten die Bahnen nach Köthen 1841, Stettin und Frankfurt/Oder 1842, Hamburg und Magdeburg 1846. Jede dieser radialen Verbindungen endete in einem Kopfbahnhof. Die Kopfbahnhöfe boten keine Umsteigemöglichkeit. Die Strecken waren zumeist auf der Ebene der Straßen eingerichtet worden, was häufig zu Verkehrsproblemen führte. Die Bahn begann, ihr Netz zu spinnen und der Schiffahrt Transportvolumen streitig zu machen.

Der Bau von Bahnhöfen und Strecken hat die Stadtentwicklung in Berlin immer wieder stark beeinflußt. Für die Wanderungen der Industrie und die Anlage von Siedlungen außerhalb der inneren Stadt schuf sie die Voraussetzungen. Für den Nah-, Fern- und Güterverkehr wurden meist jeweils getrennte Gleise angelegt. Vorortbahnen, die dem wachsenden Berufs- und Ausflugsverkehr dienten, entstanden zunächst entlang der Radialen. Die Lage der Stationen wurde häufig von Bauherren und Terraingesellschaften direkt beeinflußt, um ihre Immobilien aufzuwerten. Die großen Bahnhöfe waren zumeist in Bereiche für Fern- und Vorortbahn geteilt.

Nur acht Jahre nach der Jungfernfahrt gab es in Berlin bereits fünf Kopfbahnhöfe unmittelbar vor den Toren der Stadt. Sie waren auf großen, zusammenhängenden Freiflächen angelegt worden. Eine erste Verbindungsbahn zwischen dem Stettiner und dem Frankfurter Bahnhof entstand erst 1851. Sie war für den Militär- und Güterverkehr reserviert. Die eingleisige Strecke verlief auf Straßenniveau, was den Verkehr in der Stadt stark behinderte. Sie war die erste Staatsbahn in Preußen. Erst nach der Eröffnung der Ringbahn 1871 wurde sie eingestellt. Da sie auch als Personenbahn genutzt wurde, gilt sie, als erste Nahverkehrsbahn, als Vorläuferin der S-Bahn. Es folgten die Görlitzer und die Ostbahn 1867, vier Jahre später die Lehrter Bahn, 1875 die Dresdner Bahn und weitere zwei Jahre später die Nordbahn. Alle elf Hauptstrecken werden heute noch befahren. Die Linien waren von privaten Kapitalgesellschaften errichtet worden, die bereits 1884 unter dem Dach der Preußischen Staatsbahnen vergesellschaftet wurden, denn die Bahnlinien versprachen nicht nur Rendite, sondern in den Augen der Obrigkeit zunehmend auch das Erreichen strategischer Ziele.

Weil die Kopfbahnhöfe der ersten Generation schnell zu klein geworden waren, wurden sie bald durch größere ersetzt: den Niederschlesisch-Märkischen Bahnhof 1869, den Lehrter 1871, den Potsdamer 1872, den Stettiner 1876 und 1880 den Anhalter Bahnhof. Die Bahnhöfe der Görlitzer und der Ostbahn waren von vornherein großzügiger ausgelegt worden. Denn bis zur Jahrhundertwende hatte sich Berlin von einer beschaulichen Residenzstadt zur Weltstadt gemausert. 1895 wurden alle Privat- und Staatsbahnen unter der Königlichen Eisenbahndirektion Berlin zusammengefaßt.

Schon vor der Jahrhundertwende waren viele große Städte in Europa mit der Bahn zu erreichen: seit 1847 Paris, seit 1851 Wien und München und ein Jahr später auch Basel. Die Einführung der Mitteleuropäischen Zeit (MEZ) 1893 vereinfachte die Koordination der internationalen Verbindungen. Die Lokomotiv- und Waggonindustrie, Firmen wie AEG, Orenstein & Koppel, Schwartzkopff und Borsig, wurden in Berlin zu wichtigen Arbeitgebern. Die Fabrikationsanlagen befanden sich häufig wie bei Schwartzkopff direkt an einem der Bahnhöfe. Ein weitgehend vergessenes Detail der Bahngeschichte ist die Tatsache, daß Züge auch für die Massen von deutschen Auswanderern in die USA eine große Rolle spielten. Ab 1883 wurden für sie spezielle Wartehallen in Spandau und am Lehrter Bahnhof eingerichtet. Im selben Jahr wurde auch bereits ein erster Bahnhof in Berlin stillgelegt – der Dresdner Bahnhof nämlich. Der Verkehr wurde auf die Anhalter Bahn umgeleitet. Ebenso der Hamburger Bahnhof, der bald nach seiner Errichtung bereits wieder geschlossen wurde. Auch der Ostbahnhof war nur 15 Jahre lang in Betrieb.

Obwohl im Detail recht unterschiedlich, folgten alle Berliner Kopfbahnhöfe einer gemeinsamen Typologie: Für die funktional nicht zu begründenden großen Hallen hatten sich in der zweiten Hälfte des 19. Jahrhunderts Eisenkonstruktionen von England ausgehend, als praktikabel durchgesetzt. Die »Dunstabzugshauben« aus Stahl und Glas waren das Revier der Ingenieure, während die eigentliche Architektur sich auf die steinernen, verschwenderisch dekorierten historisierenden Empfangsgebäude mit den Nebenfunktionen konzentrierte. Sie wirkten zunächst wie eine Camouflage der Halle, beide Elemente paßten nicht zusammen. Die Nebengebäude legten sich meist U-förmig um die Halle, so daß drei Schauseiten entstanden. Ab 1860 kamen die dahinterliegenden Hallen jedoch immer deutlicher in den Fassaden zum Vorschein. Immer größere Spannweiten waren bis in die 1860er Jahre hinein durch Bogenkonstruktionen (ursprünglich aus Holz) erreicht worden. Als besserer Stahl größere Spannweiten ermöglichte, war man von der einen Halle bereits wieder abgekommen und addierte mehrere kleine Hallen zu großen Gebäudekomplexen.

Die Berliner Entwicklung verlief nach dem Muster »eine Linie – ein Bahnhof«. Eine Zusammenlegung durch Verstaatlichung, wie sie in anderen Städten zu riesigen, zusammenhängenden Bahnhöfen geführt hat, ist in Berlin trotz einiger Versuche nie gelungen. »Hauptstädte haben keinen Hauptbahnhof« – dieses Paradoxon gilt auch für Paris und London, den erklärten Vorbildern der Berliner Entwicklung.

Görlitzer Bahnhof, um 1870

Der *Potsdamer Bahnhof* war der erste Bahnhof Berlins und auch als erster zu klein. 1872 wurde deshalb ein Neubau im klassizistischen Stil nach Plänen von Julius Quassakowski errichtet. Von hier führten die Bahnen nach Potsdam, Werder und Magdeburg, später bis ins Rheinland und den Harz, weswegen zahlreiche Anbauten entstanden. 1891 war für die parallele Wannseebahn ein Erweiterungsgebäude errichtet worden. Der Bahnhof wurde 1945 geschlossen und 1958 abgerissen.

Der *Hamburger Bahnhof* in der Invalidenstraße wurde nach Plänen der Architekten Friedrich Neuhaus und Ferdinand Wilhelm Holz erbaut und 1847 fertiggestellt. Über dem Mittelteil des massiven Baukörpers ragen zwei Türme auf, die an italienische Villen der Renaissance erinnern. Dieser fünfte Bahnhof Berlins wurde schon 1884, nach Errichtung des Lehrter Bahnhofs, wieder geschlossen. Der spätklassizistische Bau wurde zunächst als Verkehrsmuseum genutzt und dient nach erneuten Umbauten seit 1996 als Museum für zeitgenössische Kunst. Er ist der einzige noch erhaltene Bahnhof der ersten Generation in Berlin.

Der *Görlitzer Bahnhof* wurde 1868 nach Plänen des Architekten August Orth im Stil italienischer Palazzi gebaut. 1882 wurde die Görlitzer Bahnlinie verstaatlicht. Der Görlitzer Bahnhof verband die Braunkohlereviere mit Berlin; die Möglichkeit, in

oben: Stettiner Bahnhof, um 1938

unten: Lehrter Bahnhof, 1931

den Spreewald zu reisen, machten ihn aber auch zu einem beliebten Ferienbahnhof. Die Görlitzer Bahn ist nie elektrifiziert worden. Weil der Bahnhof relativ schlecht angebunden war, wurde in den 30er Jahren ein unterirdischer S-Bahnanschluß geplant, der jedoch wegen des Krieges nie ausgeführt wurde. Der Bahnhof wurde 1951 geschlossen und zwischen 1962 und 1975 abgerissen. Das Bahnhofsgelände ist heute ein Park.

Der *Stettiner Bahnhof* war der Ferienbahnhof für Reisen an die Ostsee und nach Schweden. Er wurde 1876 nach einem Entwurf des Architekten Theodor Stein im neoromanischen Stil gebaut. Durch die Einbindung der S-Bahn nach Gesundbrunnen expandierte der Bahnhof im berüchtigten Vergnügungsviertel in Mitte rasch durch zahlreiche Anbauten. Seit 1903 erleichterte die Fährverbindung nach Skandinavien die Reise nach Norden. 1950 wurde der Stettiner Bahnhof in »Nordbahnhof« umgetauft, zwei Jahre später geschlossen und in den 60er Jahren abgerissen. In den 90er Jahren fand ein Wettbewerb zur neuen Nutzung des ehemaligen Bahngeländes statt.

Am *Lehrter Bahnhof*, nach Plänen der Architekten Lent, Scholz und Lapierre 1871 errichtet, wurde der Verkehr an die Nordsee, nach Sylt und Hamburg abgewickelt. Der Lehrter Bahnhof spielte auch eine wichtige Rolle für die massenhaften Auswanderer, die von hier aus nach Bremerhaven fuhren und von dort den Atlantik überquerten. Auch die meuternden Kieler Matrosen, die 1918 mit dem Marsch auf das Schloß ihre revolutionäre Gesinnung ausdrückten, reisten über den Lehrter Bahnhof an. 1882 wurde die Stadtbahn direkt vor die Fassade des Bahnhofs gebaut. Der Lehrter Bahnhof wurde 1951 geschlossen und acht Jahre darauf abgerissen. An seiner Stelle entsteht heute der neue »Lehrter Bahnhof«. Die Idee, an dieser Stelle einen Kreuzungsbahnhof zu errichten, ist jedoch schon alt. Selbst eine unterirdische Verbindung des Bahnhofs zum Reichstag war schon von den Nationalsozialisten geplant worden.

Der *Anhalter Bahnhof* am Askanischen Platz wurde 1841 von der Berlin-Anhalter-Eisenbahn AG in Auftrag gegeben. Die Strecke führte zunächst nur bis Jüterbog, später bis Dessau und Köthen. Von Franz Schwechten stammt der Entwurf, nach dem der Bahnhof 1880 fertiggestellt wurde. Die 170 m lange Halle war aus Stahl und Glas konstruiert, während die Nebenräume verklinkert und mit Terrakotten geschmückt wurden. Die Bogenform der Halle wurde in der Fassade wiederholt. Die Halle war mit 60 Metern doppelt so breit wie beim Görlitzer Bahnhof. Von hier führten die Strecken nach München, Stuttgart und Frankfurt, nach Bayern, in die Schweiz und nach Italien. Der prominenteste Bahnhof Berlins erhielt schon 1928 einen modernen Fußgängertunnel zum benachbarten Hotel Excelsior. Nach dem Krieg blieben die Läden im Bahnhof weiter in Betrieb, auch nachdem 1956 ein Rückbau der Nebengebäude auf ein Geschoß erfolgt war. Der Anhalter Bahnhof wurde 1952 stillgelegt und 1960 gesprengt.

Lediglich der übriggebliebene Portikus erinnert noch an die Geschichte.

Vom *Schlesischen Bahnhof* führte die Strecke nach Frankfurt/Oder und in das heutige Polen. 1869 wurde er nach Plänen des Architekten Eduard Römer errichtet und später in Niederschlesisch-Märkischer Bahnhof umbenannt. Ab 1881 hieß er einfach nur Schlesischer Bahnhof. Er wurde mit dem Bau der Stadtbahn 1882 auf Viadukten zum ersten Durchgangsbahnhof Berlins, was eine Anhebung der Gleisebene erforderte; der benachbarte Ostbahnhof wurde im selben Jahr geschlossen. In den 20er und 30er Jahren wurde er rundum erneuert. Ab 1950 wurde der Schlesische Bahnhof in Ostbahnhof und ab 1987 in Hauptbahnhof umbenannt. Zu DDR-Zeiten wurde er abermals umgebaut und erhielt eine neue Wartehalle. 1998 erfolgte eine erneute Umbenennung in »Ostbahnhof«.

Die *Stadtbahn* wurde nach Plänen von Ernst Dircksen 1873–1882 erbaut. Sie war die erste »Durchmesserlinie« in Berlin, die direkt durch das Stadtgebiet führte. Da Einschnitte in das Gelände wegen der Bodenbeschaffenheit unmöglich waren, ruht die 15 Kilometer lange Strecke auf ca. 700 gemauerten Bögen, die Berlin bis heute maßgeblich prägen. Stadt- und Fernbahngleise wurden parallel angeordnet, so daß elf Bahnhöfe der S-Bahn und fünf der Fernbahn auf dem Weg von Charlottenburg bis zum Ostbahnhof liegen. Die Deutsche Eisenbahn Baugesellschaft DEBG, die für den Bau zuständig war, nutzte das Spreebett und den Königsgraben, einen zugeschütteten ehemaligen Festungsgraben, um eine kreuzungsfreie Trasse in der Stadt zu errichten. Nur im Westen wurde sie auf einem Damm errichtet. Die Stadtbahn erhielt einen Anschluß zum Ring. Mehrere Privatbahnen und der preußische Staat hatten sich zum Bau zusammengeschlossen, was man heute *public-private-partnership* nennen würde. Noch während des Baus wurde das Projekt jedoch vom Staat übernommen. Die viergleisige Trasse wurde als »auseinandergezogener Lehrter Bahnhof« oder »längster Hauptbahnhof der Welt« bezeichnet, denn er ergänzte das System der Kopfbahnhöfe. Über die Stadtbahn fuhren nach einer Verlängerung nicht nur die Züge von Potsdam nach Erkner (1904), sondern beispielsweise auch der Paris-Moskau-Expreß. Durch das erhöhte Gleisbett der Stadtbahn wurden die Bahnhöfe auf zwei Ebenen organisiert: Oben entstanden reine Gleishallen, im Erdgeschoß hingegen wurden alle Nebenfunktionen untergebracht, was zwar zu kurzen horizontalen Wegen führte, aber aufwendige Treppenanlagen erforderte.

Die *Ringbahn* führte als »Neue Verbindungsbahn« zunächst von Moabit nach Schöneberg und löste die alte preußische Verbindungsbahn ab. 1871 wurde sie für den Güterverkehr, ein Jahr später auch für den Personenverkehr freigegeben. Sechs Jahre später wurde sie nach der Fertigstellung des westlichen Teilstücks zur Ringbahn vollendet und kreuzte alle acht Radialen. Sie lag damals noch großenteils außerhalb der Stadt. Auf dem Ring konnten die Züge nicht

oben: Anhalter Bahnhof, 1881

unten: Schlesischer Bahnhof, um 1930

Bahnhof Zoo, um 1900

nur im Kreis fahren, sondern über Stichstrecken auch zu den Kopfbahnhöfen innerhalb des Rings vordringen und über die Stadtbahn als »Halbringzüge« verkehren. Die Ringbahn wurde bis 1910 auf vier Gleise erweitert.
Die 40 Kilometer lange Ringbahn hatte ursprünglich nur 13 Stationen. Die Anzahl der Bahnhöfe wurde bis 1933 jedoch auf 29 erhöht. Die nach ihrem Aussehen im Plan »Hundekopf« genannte Strecke bildet heute die Tarifgrenze zwischen innerer und äußerer Stadt.
Am *Bahnhof Zoo* am Hardenbergplatz hielten die Züge ab 1884. Das heutige, mehrfach umgebaute Gebäude mit den Glashallen von Fritz Hane ersetzte seit den 30er Jahren den Vorgängerbau von 1884. Der »neue Zoo« wurde 1940 in Betrieb genommen. Über einem mit Muschelkalk verkleideten Sockel ruhen die beiden rechteckigen Glashallen für den Fern- und S-Bahnverkehr. Der im Krieg stark zerstörte Bahnhof wurde ab 1953 wieder aufgebaut und erhielt vier Jahre darauf einen Anbau für das Bahnhofsrestaurant. Im westlichen Teil des geteilten Berlins fungierte er als Hauptbahnhof. 1986 bis 1987 wurde der Bahnhof zur 750-Jahr-Feier Berlins renoviert und der Vorplatz mit mehreren Pavillons neu gestaltet.
Die Umstellung vom Dampf- zum elektrischen Antrieb der Bahnen war ein gewaltiger Quantensprung. Das Konzept der Stromschienen, das Stromabnehmer über Dach überflüssig macht, war maßgeblich von Siemens & Halske entwickelt worden. Die erste E-Lok stellten sie 1879 auf einer Gewerbeausstellung vor. Rudolf Diesel folgte mit seiner Diesellok erst 1908. Der elektrische Antrieb wurde aber zunächst im Nahverkehr erprobt. 1902 war in Berlin die erste U-Bahnlinie eingerichtet worden. Im selben Jahr war man dazu übergegangen, Züge elektrisch zu beleuchten. Schon seit 1881 gab es zwar elektrische Straßenbahnen in Berlin, aber erst 1924 erfolgte der Beschluß der Reichsbahn, die Strecken der Eisenbahn zu elektrifizieren.
1928 wurden die ersten elektrischen Züge eingeführt, die nicht nur sauberer als die Dampfzüge waren, sondern auch eine höhere Taktfrequenz ermöglichten, was im Bereich der S-Bahn speziell für die Olympiade in Berlin 1936 eine Rolle spielte. Nacheinander wurden bis 1933 Stadt-, Ring- und Vorortbahnen elektrifiziert, was ganz neue Geschwindigkeiten erlaubte: Anfang der 30er Jahre wurden beispielsweise sogenannte »Bankierszüge« eingerichtet, die ohne Zwischenhalt mit Tempo 120 von Zehlendorf in die Innenstadt fuhren.
Mit dem Bau der Siemensbahn, die den westlichen Ring mit dem Areal des Elektrokonzerns verbindet, wurde ausnahmsweise wieder eine Strecke privat finanziert. Der Begriff »S-Bahn« wurde erst 1930 geprägt. Über 150 Bahnhöfe waren zu diesem Zeitpunkt an das Netz angeschlossen, das als vorbildlich galt und eine gewaltige Konkurrenz zur BVG darstellte, in der der Kurzstreckenverkehr ab 1929 zusammengefaßt worden war. Auch im Fernverkehr schuf die Elektrifizierung neue Möglichkeiten.
In den 30er Jahren erreichten auch Diesel-Expreßzüge wie der »Fliegende Hamburger« Reisezeiten, die lange nicht unterboten wurden.
Während der ersten Republik auf deutschem Boden kam es aber noch zu weiteren Veränderungen im Berliner Bahnsystem: Die Weimarer Verfassung sah die Zusammenlegung der regionalen Bahngesellschaften und damit die Gründung der Deutschen Reichsbahn vor, die 1924 erfolgte. Ihr Hauptsitz wurde am Wilhelmplatz eingerichtet. Die preußischen Bahnen hatten den größten Teil des Streckennetzes der Reichsbahn ausgemacht. 1927 wurde das 24-Stunden-System eingeführt und im Jahr darauf die 4. Klasse abgeschafft. Die neuen Bahnhöfe am Zoo und an der Friedrichstraße (1923) setzten die Modernisierung vor dem Ausbruch des Zweiten Weltkrieges fort. Die Halbringzüge wurden in den 40er Jahren abgeschafft.

Weil Berlin bis dahin eine leistungsfähige Nord-Süd-Verbindung fehlte, wurde 1934 als Arbeitsbeschaffungsmaßnahme der Nord-Süd-Tunnel errichtet. Die sechs Kilometer lange Strecke verbindet den Anhalter Bahnhof mit dem Nordbahnhof über Friedrichstraße. Obwohl ein Einsturz des Tunnels 1935 die Arbeiten verzögerte, konnte 1939 die neue Verbindung vollständig eröffnet werden. Zum 100. Geburtstag der Bahn war in den 30er Jahren das große Wachstum vorüber. Die höchste Netzdichte war schon in den 20er Jahren erreicht worden, danach setzte eine bis heute andauernde Schrumpfung ein. Mit der fortschreitenden Elektrifizierung begann der Betonbau sich in der Bahnhofsarchitektur durchzusetzen.

Die Nationalsozialisten sahen den Bau eines monumentalen Nordbahnhofs am Gesundbrunnen und eines Südbahnhofs an der Papestraße als Endpunkte der neuen Nord-Süd-Magistrale vor. Die S-Bahn sollte den gesamten Verkehr innerhalb des Rings übernehmen. Die Kopfbahnhöfe sollten zugunsten großer Durchgangsbahnhöfe aufgegeben werden und der Ring auf sieben Gleispaare erweitert werden. Der ursprünglich nur für den Nah- und Güterverkehr vorgesehene Ring sollte den gesamten Fernverkehr aufnehmen: Erstens sollten die Bahnflächen in der Stadt für Staatsbauten genutzt werden, außerdem versprach man sich ein effizienteres Verkehrssystem als mit der Vielzahl der Kopfbahnhöfe. Erst nach dem Krieg wurde ein System realisiert, das ohne Kopfbahnhöfe auskommt. Die Pläne der Nationalsozialisten für die »Welthauptstadt Germania« hätten Auswirkungen auch auf die Verkehrsentwicklung gehabt – sie blieben jedoch Papier.

Das Berliner Bahnnetz wurde vielmehr für die Deportation von Tausenden von Menschen in die Konzentrationslager genutzt. Die verheerenden Bombenschäden im Verlauf des Zweiten Weltkriegs machten 1945 die völlige Einstellung des D- und Eilzugverkehrs erforderlich.

Zu Kriegsende waren fast alle Bahnhöfe zerstört oder einsturzgefährdet; aber schon Ende 1945 konnten vier Bahnhöfe wieder in Betrieb genommen werden. Im Jahr darauf wurde auch die Ringbahn wieder eröffnet. Nur der Potsdamer Bahnhof ging nach dem Krieg nie wieder an das Netz, denn aufgrund von Reparationen an die Siegermächte mußten bestimmte Strecken abgebaut und abtransportiert werden. Die Alliierten richteten erste Militärbahnen nach Berlin ein. 1945 wurde für den Moskau-Expreß und die Anreise Stalins zur Potsdamer Konferenz sogar eine ganze Strecke auf Breitspurformat umgebaut. Zwischen den Besatzungszonen gab es zunächst keinen Reiseverkehr. Erst im Oktober 1945 kam es zur zaghaften Aufnahme des »Interzonenverkehrs«. Die Deutsche Reichsbahn (DR) behielt die Verkehrsrechte auch im Westen Berlins. Während der Berlin-Blockade 1948 mußte der kom-

oben: Fern- und Stadtbahnhof Friedrichstraße vom Schiffbauerdamm, um 1905

Mitte: Nord-Süd S-Bahn, Blick in den fertigen Tunnel, 1936

unten: Nord-Süd S-Bahn, Abdichtung des Tunnels, 1937

plette Bahnverkehr nach Berlin abermals eingestellt werden, und erst 1949 kam es zur Wiederaufnahme des Interzonenverkehrs. Im selben Jahr traf noch in Folge der Währungsreform ein Streik den Berliner Nahverkehr. Denn die West-Berliner Mitarbeiter der Reichsbahn lehnten es ab, weiterhin in Ostgeld bezahlt zu werden.

Nachdem 1950 der Schlesische in »Ostbahnhof« und der Stettiner in »Nordbahnhof« umbenannt worden waren, wurden 1952 alle Kopfbahnhöfe in Berlin geschlossen: Sieben Jahre nach Kriegsende wußte man mit ihnen nichts mehr anzufangen. Sie standen noch jahrelang funktionslos herum, bevor sie gesprengt oder abgerissen wurden. Die ehemaligen Bahnhofsflächen sind heute meist Grünflächen oder, wie am Nordbahnhof oder am Potsdamer Platz, Bauflächen.

Die Umbenennung der Bahn in der Bundesrepublik Deutschland in »Deutsche Bundesbahn« 1951 markierte den Zerfall des deutschen Eisenbahnnetzes. Die Bundesbahn nahm ihren neuen Hauptsitz in Frankfurt/Main.

Für den Verkehr von Ost-Berlin in die westlich gelegenen Vororte wurden zunächst sogenannte »Durchläuferzüge« ohne Halt in den Westsektoren eingerichtet. Diese Situation war aber auf Dauer unhaltbar. Deshalb wurde ein zweiter Ring um Berlin gebaut, der die Durchläufer obsolet machte. 1950 bis 1956 wurde der 170 Kilometer lange Außenring gebaut, der Teile der schon 1900 geplanten Güter-Umgehungsbahn aufnahm. Er ermöglichte es, Züge aus dem Süden und Westen der DDR um West-Berlin herumzuleiten, ohne West-Berliner Gebiet zu tangieren. Der sogenannte »Sputnik« bildete also eine Voraussetzung für den Bau der Mauer. Erst in den 80er Jahren wurde er vollständig elektrifiziert.

1956 wurde die 3. Klasse abgeschafft. Damals waren 340 Kilometer S-Bahnstrecke in Berlin elektrifiziert.

Mit dem Bau der Berliner Mauer wurde das Berliner Bahnnetz endgültig nicht nur im Fernverkehr, sondern auch im Stadtverkehr an elf Stellen geteilt: Die Verbindungen vom Westen in das Umland waren damit ebenso gekappt wie die Verbindung der beiden Stadthälften. Im Westen Berlins konnte nur noch ein Dreiviertelkreis des Rings befahren werden. Der Fernverkehr konzentrierte sich auf die Stadtbahn. Selbst die Bahnhöfe entlang der Stadtbahn mußten als Folge des zerteilten Netzes als Kopfbahnhöfe genutzt werden. Spandau und Wannsee im Westen und Oberschöneweide und Lichtenberg im Osten wurden deshalb zu Fernverkehrsbahnhöfen ausgebaut. Der Abschluß des Transitabkommens brachte ein erhöhtes Verkehrsaufkommen. 1982 wurde der »heimliche Hauptbahnhof Ost-Berlins« in Lichtenberg eingeweiht, 1984 der Fernbahnhof Schönefeld und 1987 der ehemalige Ostbahnhof zum Hauptbahnhof umgebaut.

Während sich West-Berlin in einer Insellage befand, wurde im Osten das S-Bahnnetz zu den neuen Trabantenstädten ausgebaut. Nur hier gab es nennenswerten internationalen Schienenverkehr. Der östliche Teil des Rings wurde zur Nord-Süd-Bahn umgebaut, während die alte Nord-Süd-Bahn ohne Halt unter der Mitte hindurchfuhr und nur am Bahnhof Friedrichstraße einen Grenzübergang ermöglichte. Weil die S-Bahnen auch in West-Berlin weiterhin von der (ostdeutschen) Reichsbahn betrieben wurde, wurde 1961 zu einem Boykott der »Ulbricht-Bahn« aufgerufen. Ein weiterer Streik führte 1980 zur Einstellung vieler Linien. Erst 1984 wurden die S-Bahn-Strecken auf West-Berliner Gebiet vom Berliner Senat übernommen. Nach der Übernahme durch die BVG fand ein wenn auch kleiner Ausbau des Rumpfnetzes statt. Weil die Stadtbahn bis in die 90er Jahre hinein für den Fernverkehr nicht elektrifiziert war, lösten Diesellokomotiven die altehrwürdigen »Dampfrösser« ab. 1981 fuhr die letzte Dampflok nach Berlin, vier Jahre nach Abschaffung des Dampfverkehrs im Bundesgebiet, wo bis 1969 noch 1.400 Dampfloks in Betrieb waren.

Obwohl das »Zeitalter des Autos und Flugverkehrs« angebrochen war (ab 1974 waren Autoreisezüge eingesetzt worden), nahm der Transitverkehr nach West-Berlin zwischen 1971 und 1981 von einer auf drei Millionen Passagiere zu. Die Fahrt in Transitzügen »durch die Zone« war für viele Passagiere wegen der langen Paß- und Zollkontrollen dennoch eine Zumutung. Nicht zuletzt die Geschichte der »Kinder vom Bahnhof Zoo« markierte den Tiefpunkt der Attraktivität der Bahn für gewöhnliche Reisende in den 80er Jahren.

Seit den 60er Jahren wurden die Anlagen in Ost und West nur stellenweise erneuert. 1964 wurde die Bahnhofshalle am Alexanderplatz renoviert, 1971

Anhalter Bahnhof
Entwurfszeichnung von
Franz Schwechten, 1873

ein neues Gebäude in Charlottenburg errichtet. Auch das 1985 gesprengte Empfangsgebäude des Ostbahnhofs wurde 1987 durch einen Neubau ersetzt. Viele Bahnhöfe wurden zwar unter Denkmalschutz gestellt, jedoch meist nur notdürftig instandgehalten.

Nach der deutschen Einigung übernahm 1994 wieder die Reichsbahn den Betrieb der S-Bahnen in ganz Berlin. Die Teilnetze der S-Bahn wurden und werden schrittweise wieder zusammengeführt, Verbindungen vom Westteil ins Umland geschaffen und der Südring wiedereröffnet. Seit DR und DB zur DB AG verschmolzen, gehört die S-Bahn in das Netz der DB. Betrieb und Planung werden nun wieder gemeinsam in der S-Bahn Berlin GmbH koordiniert. Die Modernisierung des Bahnverkehrs nach und in Berlin wurde zu einem Schwerpunkt der »Verkehrsprojekte Deutsche Einheit«. Seit 1992 verkehren Intercitys nach Berlin, seit 1993 auch der ICE. Mittlerweile ist die gesamte Stadtbahn elektrifiziert, und der Fern-, Nah- und S-Bahnverkehr wird über die Stadtbahn geführt.

Zu Beginn der 90er Jahre wurden die Flächenreserven entlang der Ringbahn (und der parallel dazu errichteten Autobahn) als Potential für dezentrale Dienstleistungsstandorte entdeckt. Die Möglichkeit des Ringschlusses erzeugte nach der Wende eine große Euphorie. Ganze Hochhausstädte und »Berliner Docklands« wurden an der »Strecke ohne Ende« vorgesehen. Bisher sind jedoch nur einzelne Projekte verwirklicht worden.

Im Gespräch ist auch die Errichtung neuer Bahnhöfe entlang der Ringbahn (an der Komturstraße zwischen Tempelhof und Hermannstraße etwa), die privat finanziert werden sollen. Die Wiedereröffnung des Rings bis zum Westhafen ist für 1999 vorgesehen, und im Jahr 2000 soll der Ring wieder komplett befahrbar sein. Auch die S-Bahnhöfe Alexanderplatz (bereits fertiggestellt) und Friedrichstraße werden umgebaut und mit je über 50 Läden versehen. Der Bauzustand der 20er Jahre dient als Vorbild für die Umbauten.

Mit dem Bau von Hochgeschwindigkeitsstrecken will die Bahn seit den 90er Jahren ihre eigene Renaissance einleiten. Sie tritt speziell in Berlin als Motor der Modernisierung auf. Ob die Konzentration auf wenige Korridorstrecken und der Rückzug aus der Fläche jedoch sinnvoll ist, wird von Verkehrsexperten bezweifelt. Manche Kritiker glauben sogar, daß »Verlust der Stadt und Gewinn der Bahn einander bedingen«.

Nach der Wiedervereinigung stieg nicht nur das Passagieraufkommen nach Berlin sprunghaft an, der Bahnverkehr mußte auch völlig neu organisiert werden. Allein zwischen 1992 und 1997 verachtfachte sich die Zahl der Ein- und Aussteiger in der neuen Hauptstadt. Ausgehend von der Frage, ob man die Stadtbahn überhaupt für den Fernverkehr reaktivieren sollte, wurden unterschiedliche Lösungen diskutiert: Das Y-Modell und das Ringmodell ebenso wie das Achsenkreuzmodell, das sich schließlich, in abgespeckter Form, unter dem Namen »Pilzkonzept« durchsetzte. Es sieht zusätzliche IC-Bahnhöfe in Spandau, am Lehrter Bahnhof, Gesundbrunnen (Nord-) und Papestraße (Südbahnhof) vor, während am Potsdamer Platz ein neuer Regionalbahnhof eingerichtet werden soll. Durch den Bau des drei Kilometer langen Tiergartentunnels wird die lang ersehnte Verbindung vom Nord- zum Südring geschaffen. Die Nord-Süd-Unterfahrung wurde schon 1910 diskutiert und von den Nazis wieder aufgegriffen. In den Augen von Kritikern symbolisiert sie deshalb »nicht Zukunft, sondern Zähigkeit«. Drei Hochgeschwindigkeitsstrecken (Paris – Warschau, Hamburg – Budapest und Berlin – Rom) sollen sich einmal in Berlin kreuzen und die Stadt wieder zum Knotenpunkt der europäischen Fernstrecken machen.

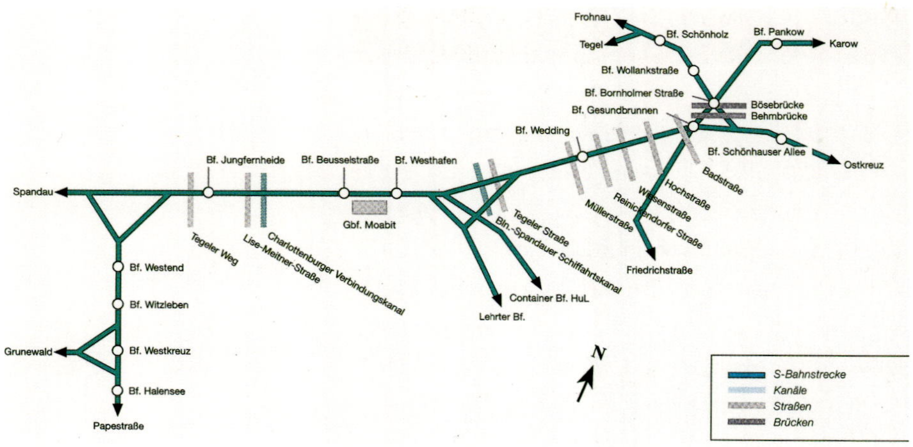

Übersichtsgrafik der kompletten Nordringstrecke

Den »Hut« beim Pilzkonzept bilden der Nordring und die Stadtbahn, den »Stiel« die neue Nord-Süd-Trasse mit Umsteigemöglichkeiten am Lehrter Bahnhof. Am Schnittpunkt der beiden Verbindungen wird der neue Lehrter Bahnhof entstehen, der an dieser Stelle jedoch schlecht von anderen Verkehrsträgern erschlossen ist. Um ihn herum wird ein ganz neues Stadtquartier entstehen. Am Lehrter Bahnhof werden sich der oberirdische Ost-West-Verkehr und der unterirdische Nord-Süd-Verkehr kreuzen. Ursprünglich wurde dieses Konzept vielfach abgelehnt und der Variante eines Tunnels unter der Friedrichstraße der Vorzug gegeben. Für den Entwurf des neuen Lehrter Bahnhofs wurde kein Wettbewerb ausgelobt. Das Architekturbüro von Gerkan, Marg und Partner aus Hamburg (gmp) erhielt nach einem eiligen Gutachterverfahren den Planungsauftrag. Ihr Entwurf sieht zwei Bügel, sogenannte »Reiter-Gebäude«, über der Stadtbahn vor, die den Mittelpunkt des neuen Viertels bilden und die unterirdischen Anlagen abbilden sollen. Entscheidend für die Wahl des Entwurfs von gmp dürfte der Vorschlag gewesen sein, mit einer stützenfreien Glashalle möglichst viel Tageslicht auch bis auf die unteren Bahnsteige zu bringen. Wie bei zeitgenössischen Bahnhofsbauten üblich, richtet sich die Hauptaufmerksamkeit auf die Ausbildung der »fünften Fassade«, des Daches. Denn während früher Nebengebäude das architektonische Bild der Bahnhöfe dominierten, werden moderne Bahnhöfe von ihren Dachkonstruktionen geprägt. Der erst vor einigen Jahren aufwendig sanierte S-Bahnhof Lehrter Stadtbahnhof muß abgerissen werden. Mit der Bestimmung des neuen Lehrter Bahnhofs zum zentralen Bahnhof lag es nahe, den Hauptbahnhof wieder in Ostbahnhof umzubenennen.

Am Schnittpunkt der neuen Nord-Süd-Verbindung mit dem Südring entsteht der Bahnhof Papestraße. Mit der Einrichtung dieses Südbahnhofs wird auch das Gebiet der »Schöneberger Linse« bebaut und ein neues Bahnhofsumfeld errichtet. Auf dem Südring selbst werden jedoch keine Fernbahnen rollen. Für die Verbindungen in das weitere Umland wird ferner das Regionalbahnnetz ausgebaut.

Neben der schon vor der Wende geplanten Schnellbahn nach Hannover ist eine Referenzstrecke der Magnetbahn »Transrapid« nach Hamburg vorgesehen. Weil er auf einer eigenen Trasse durch die Stadt geführt werden soll, sind einige Abrisse nötig. Die Idee, diese Trasse durch einen Tunnel unter Berlin bis nach Dresden zu verlängern, ist fürs erste jedoch aufgeschoben. Statt über die Panoramastrecke der Stadtbahn soll sich die Mehrheit der Reisenden der Deutschen Bahn in Zukunft Berlin durch einen Tunnel nähern.

Ulf Meyer

Modernisierung der Stadtbahn

Die rund zwölf Kilometer lange, durch den Kern der Berliner Innenstadt führende Strecke vom Schlesischen Bahnhof bis zum Bahnhof Charlottenburg existiert seit 1882. Sie wurde eingerichtet, weil der zwischen 1871 und 1878 erfolgte Ausbau der Ringbahn nicht ausreichte, um direkte Verbindungen sowohl zu den einzelnen Fernbahnhöfen als auch zum Stadtzentrum zu schaffen. Stets mußte als Verteiler der Potsdamer Bahnhof angefahren werden. Die neue Stadtbahn mit ihren zunächst neun, später elf Stationen im Lokalverkehr bot den Fahrgästen weit mehr Möglichkeiten zur Erschließung des Zentrums. In Ost-West-Richtung waren dies die Haltestellen Schlesischer Bahnhof (heute Ostbahnhof), Jannowitzbrücke, Alexanderplatz, Börse (heute Hackescher Markt), Friedrichstraße, Lehrter Stadtbahnhof, Bellevue, Tiergarten, Zoologischer Garten, Savignyplatz und Charlottenburg. An ihren Endpunkten, die ebenfalls von der Ringbahn berührt wurden, waren einige Fernbahnstrecken angebunden, so daß Reisende aus unterschiedlichen Richtungen dort sogleich mehrere Aus- und Um-

Gleisfelderweiterung am Westkopf des Ostbahnhofs, 1997
Foto: A. Muhs

Abriß des alten Stadtbahnviaduktes, 1997
Foto: A. Muhs

steigemöglichkeiten vorfanden und auf diese Weise bequem an ihr Ziel gelangten.
Diese enorme Verbesserung im innerstädtischen Verkehrswesen wurde von der Berliner Bevölkerung begeistert aufgenommen, so daß man 1884 bereits elf Millionen Reisende zählte, die die Stadtbahn, und drei Millionen, die die Ringbahn benutzten. Aber auch im Ausland galt die »Berlinerin« als eine große Errungenschaft, die andere europäische Metropolen wie Paris und Wien zur Nachahmung anregte. Besonderes Interesse fanden dabei sowohl die auf den Architekten August Orth zurückgehende Idee, die Stadtbahn in Hochlage, beinahe über die Dächer hinweg, zu führen, als auch ihre beeindruckende Konstruktionsweise. Die Anhebung der gesamten Schienenanlage mit je einem Gleispaar für den Fernverkehr und einem für den Stadtverkehr erforderte immense Bauarbeiten. Zahlreiche Brücken mußten errichtet und allein 731 Viaduktbögen gemauert werden, um am Ende 12,145 Kilometer Stadt durchmessen zu können. Ernst Dircksen, der sich bereits beim Bau der Ringbahn Anerkennung erworben hatte, realisierte dieses Stadtbahnprojekt.

Bis heute ist die Bedeutung der Ost-West-Verbindung ungebrochen, so daß die Deutsche Bahn AG deren Modernisierung als einen Schwerpunkt ihrer Bautätigkeiten in Berlin ansieht. So wurde zunächst die 8,8 Kilometer lange S-Bahnstrecke zwischen Ostbahnhof und Zoologischer Garten vollständig saniert, was eine Erneuerung der Gleis- und Signalanlagen sowie die Elektrifizierung der gesamten Strecke bedeutete. Nach der Abdichtung der Viaduktbögen legte man die neuen Gleise auf eine durchgehende Betonplatte, »feste Fahrbahn« genannt, die den Vorteil geringeren Instandhaltungsaufwands mit sich bringt. Da die letzte Renovierung der Stadtbahnbögen in den 20er Jahren erfolgte, mußten auch sie von Grund auf saniert werden, damit dort wieder städtisches Leben einziehen kann. Bevorzugt sollen dort Ladengeschäfte, Galerien, Künstlerwerkstätten, kleine Gewerbebetriebe und natürlich Gastronomie angesiedelt werden. Auch die Sanierung und Erweiterung der Fernbahntrasse ist abgeschlossen, so daß zu guter Letzt der Hochgeschwindigkeitsverkehr nach Hannover aufgenommen werden kann.
Im Rahmen dieses Sanierungsprogramms findet

Stadtbahnstrecke von Bahnhof Friedrichstraße über Museumsinsel, Bahnhof Hackescher Markt in Richtung Bahnhof Alexanderplatz

gleichzeitig eine Modernisierung der Bahnhöfe statt. Die Deutsche Bahn AG hat sich dabei zum Ziel gesetzt, auf allen »Hauptbahnhöfen« dieser Strecke einen vergleichbaren Qualitätsstandard zu schaffen, was – je nach Zustand – eine Sanierung oder einen Umbau der Empfangsgebäude und Hallendächer erforderlich macht. Gleisanlagen werden erweitert, Bahnsteige erhöht und die Zugänge zu den Gleisen mit Aufzügen und Rolltreppen versehen, um die Wege von und zu den Zügen so kurz und bequem wie möglich zu gestalten. Außerdem werden alle Bahnhöfe mit dem neuen Informations- und Wegeleitsystem ausgestattet, und zusätzlich finden die Benutzer in jedem dieser Bahnhöfe das neue *ReiseZentrum* der DB. Nicht zuletzt – dieser Bereich wurde in der Vergangenheit sträflich vernachlässigt – zieht in Form von modernen Sanitäranlagen *ReiseFrische* ein.

Darüber hinaus soll ein auf die Bedürfnisse der Kunden abgestimmtes Waren- und Dienstleistungsangebot bis hin zu Ärzten, Rechtsanwälten und kommunalen Einrichtungen geschaffen werden. Für die Bahnhöfe Zoologischer Garten, Friedrichstraße, Alexanderplatz und Ostbahnhof bedeuten die genannten Maßnahmen, daß zunächst eine »Entrümpelung« stattfinden mußte, da viele Verkehrsstationen in den letzten Jahren richtiggehend verbaut wurden. Die dabei entstandene Kleinteiligkeit machte das Ambiente keineswegs gemütlicher, sie führte vielmehr zu einer Unübersichtlichkeit, die es dem Benutzer erschwerte, sich zu orientieren. Nach Abschluß aller Arbeiten werden Reisende dort moderne Verkehrsstationen vorfinden, die einen angenehmen Aufenthalt gewährleisten und möglicherweise auch Ziel von Besuchern sind.

Das größte Projekt, die Errichtung des Lehrter Bahnhofs, der alle bisherigen Standards übertreffen und den Charakter der innerstädtischen Verbindung wiederum verändern wird, zeigt sich vorerst als eine riesige Baugrube mit wassergefüllten Senkkästen und einem eigenen Logistikzentrum. In wenigen Jahren dann wird er sein Opfer fordern, den Abriß des Lehrter Stadtbahnhofs.

Seit Mai 1998 ist die sanierte Strecke zwischen Zoo und Ostbahnhof wieder für den Fernverkehr freigegeben. Im selben Jahr erfolgt die Lückenschließung der Schnellbahnverbindung zwischen Berlin und Hannover, so daß die Fahrzeit nunmehr 1:45 Stunden beträgt. Fünf Regional-Express-Linien und drei Regionalbahnen fahren über die neue alte Stadtbahn, denn dank des Streckenausbaus können im Regionalverkehr künftig die neuen Doppelstockwagen, »RE 160« genannt, eingesetzt werden, die Geschwindigkeiten von 160 km/h und mehr erreichen.

Hinzu kommen seit Mai 1998 die leuchtend roten Airport Express Schönefeld-Züge, die mit einer Fahrzeit von etwa 30 Minuten den Flughafen Schönefeld mit Ostbahnhof, Alexanderplatz, Friedrichstraße und Zoo verbinden. Die Passagiere erwartet dort ein weltweit einmaliger Service: Auf speziellen Bahnsteigzonen helfen Kundenbetreuer nicht nur beim Ein- und Aussteigen, sondern sie informieren im Zug über Flugpläne, die jeweiligen Gates und die aktuellen Flugzeiten.

Wenn im Jahr 2007 der neue Flughafen Berlin Brandenburg International eröffnet ist, wird man bereits im Zug einchecken können, und zwar in einem Express, der auf eigenem Gleis und mit bis zu 160 km/h vom durch den Tiergartentunnel vom Lehrter Bahnhof bis zum Flughafen Schönefeld fahren wird.

Bahnhöfe

STADTBAHN

OSTBAHNHOF

Lage: Berlin-Friedrichshain
Verkehrsanbindung:
Fernbahn, Regionalbahn, S3, S5, S7, S75, S9, Busse
Bauherr: Deutsche Bahn AG
Architekt: Becker Gewers Kühn & Kühn, Berlin
Bauzeit: 1998 bis 2000

Der Ostbahnhof wurde in seiner langen und wechselvollen Geschichte mehrfach umgebaut und umbenannt. Als »Frankfurter Bahnhof« 1842 in Betrieb genommen, diente der Kopfbahnhof der Verbindung zwischen Berlin und Frankfurt/Oder. 1844 fand mit dem Wechsel der Eisenbahngesellschaft auch die erste Namensänderung statt: »Niederschlesischer Bahnhof« nach dem Namen der Gesellschaft. 1869 schon wurde nach Plänen von Grüttefien und Schwedler eine neue, 208 Meter lange und 23,9 Meter hohe Bahnhofshalle mit einer filigran erscheinenden, aber dennoch robusten Tragekonstruktion errichtet. Den Grundriß markierten vier Türme, und da die Strecke nun bis nach Breslau führte, nannte man den Bahnhof »Schlesischer Bahnhof«. Der Hallengiebel und ein Arkadenhof mit den Wendeanlagen für die Lokomotiven wurden zu diesem Zeitpunkt noch weitgehend von dem Verwaltungsgebäude von 1842 verdeckt. Mit dem Bau der Stadtbahn 1882 riß man dieses Gebäude und die Giebelwand ab, und der Schlesische Bahnhof wurde zu einem Durchgangsbahnhof, was später eine Streckenführung von Paris und London über Berlin nach Königsberg bis Moskau ermöglichte.
Nach kleineren Veränderungen in den 90er Jahren, wurde 1924/26 die Stadtbahnhalle durch eine neue Flußeisenkonstruktion ersetzt, und 1937 hatte man in ähnlicher Bauweise die südliche Halle für den Fernverkehr erneuert. Dadurch konnte auf die Trennwände zwischen den beiden Teilen verzichtet werden, was als große Neuerung im Hallenbau der Berliner Bahnhöfe galt. Nach erheblichen Kriegszerstörungen und unter dem Befehl der Sowjetischen Militäradministration wurde auf den Grundmauern des alten ein neuer Bahnhof errichtet, der 1950 als »Berlin-Ostbahnhof« den Betrieb aufnahm und dabei gewissermaßen die ehemalige Rückseite zur Vorderseite machte.
1987 schließlich, zur 750-Jahr-Feier Berlins, leistete sich die Hauptstadt der DDR den Neubau eines repräsentativen Bahnhofs mit großdimensionierten Empfangsräumen. Den Namen »Hauptbahnhof« erhielt er am 15. Dezember 1987.
Was als Manifestation zweier eigenständiger deutscher Staaten gedacht war, sollte jedoch keineswegs das Ende der Geschichte sein. 1995 hat der große Umbau der Deutschen Bahn AG begonnen, an dessen Ende seit Mai 1998 die Umbenennung in »Ostbahnhof« steht!
Nach dem Fall der Mauer hat auch dieser im Osten gelegene Bahnhof wieder Zukunft. Doch nicht nur der Bahnhof, auch das gesamte Stadtquartier um den Bahnhof wird sich stark verändern. Hier wird sich zeigen, ob die vielzitierte Wechselwirkung zwischen Stadt und Bahnhof, wie sie um die Jahrhundertwende existierte, auch heute noch funktioniert. Zunächst müssen jedoch die Rahmenbedingungen zur Wiederherstellung urbaner Strukturen geschaffen werden, was auf der Grenze der Bezirke Friedrichshain und Kreuzberg, dem ehemaligen Grenzverlauf der Stadthälften, eine Vielzahl von Maßnahmen erfordert. Nach eingehender Untersuchung der Bereiche rings um den Bahnhof und entlang des nördlichen Spreeufers haben die Architekten Tophof und Hemprich 1993 einen »Rahmenplan Hauptbahnhof/Spreeufer« erarbeitet, der sich an den zwar schwer zu erkennenden, aber durchaus vorhandenen Ressourcen dieses städtebaulich

Berlin Ostbahnhof,
60er Jahre

Empfangsgebäude
Berlin Hauptbahnhof, 1994

desolaten Areals orientiert. Im Vordergrund steht dabei die Betonung der Standortqualität Wasser, was für den Städtebau in der Regel viele schöne Möglichkeiten beinhaltet. Hier, wo die Spree besonders breit ist, hat während der politischen Teilung jedoch eine folgenschwere Veränderung stattgefunden, d.h. beide Bezirke haben ihre »Gesichter« voneinander abgewandt und anstelle von Uferpromenaden Hinterhöfe und brachliegende Industrieflächen kultiviert.

Mit dem Ziel, eine möglichst selbstverständliche Verknüpfung Friedrichhains mit der Spree und Kreuzberg herzustellen, soll dort nach und nach ein dichtes, großstädtisches Stadtviertel entstehen, das sich in kurzen Abständen immer wieder dem neuen Spreeuferpark mit der Eastside Gallery und einer grünen Uferpromenade öffnet. Letzteres funktioniert jedoch nur, wenn es gelingt, die vielen in Ost-West-Richtung verlaufenden Verkehrslinien mit in Nord-Süd-Richtung angelegten Platzräumen und Blickachsen zu überlagern. So werden u. a. Fußwege geschaffen, die aus dem großen Friedrichshainer Wohngebiet nördlich des Bahnhofs heraus bis an die Spree führen. Den Ausgangspunkt bildet der Bahnhof selbst, mit seinem höhergelegten Eingangsniveau (eine Tiefgarage befindet sich darunter), einer Abfolge »hängender Gärten« vom Bahnhofsvorplatz über den drei Meter tiefer liegenden Stralauer Platz zum »Spreefenster« und der wiederum tiefer liegenden Spreeuferpromenade. Die somit künstlich angelegte Stadttopographie zwischen Koppenstraße und Straße der Pariser Kommune mit dem IC-Hotel, der Bahnhofsvorfahrt und den über den Tiefgaragen befindlichen Passagenhäusern des Bahnhofsvorplatzes bildet das höchst sensible Zentrum der Gesamtentwicklung. In deren engerem Planungsbereich sollen etwa 1.200 Wohnungen (insgesamt 120.000 qm) entstehen. 380.000 Quadratmeter Bruttogeschoßfläche sind als Büro- und Dienstleistungsflächen vorgesehen, so daß dort täglich mit ca. 10.000 Menschen zu rechnen ist, die ihren Arbeitsplatz problemlos mit der Bahn erreichen können.

Schon heute ist der Ostbahnhof mit seinen schnellen Verbindungen zu den Zentren Ost und West sowie dem zukünftigen Regierungsviertel verkehrlich gut angebunden. Da er nicht nur eine wichtige S-Bahnstation ist und städtebaulich den Beginn des Stadtbahnviadukts markiert, sondern gleichzeitig als das »Tor zum Osten» gilt, erwarten Verkehrsplaner hier einen erheblichen Anstieg im Fernreiseverkehr. Im Rahmen einer umfangreichen Gleisfelderweiterung haben die Bahnsteige B und C einschließlich ihrer Dächer mittlerweile eine Länge von 440 Metern, um genügend Platz auch für den ICE zu bieten, der bald seinen Start- und Endpunkt dort haben wird. Im S-Bahnverkehr beträgt die Anzahl der Gleise inzwischen vier, so daß sich nach Abschluß aller Baumaßnahmen das gesamte Stadtbahnviadukt auf 35 Meter verbreitert hat. Alle Bahnsteige erhalten neues Mobiliar und werden mit dem neuen Informations- und Wegeleitsystem ausgestattet.

Um diesen Knotenpunkt im Zentrum Berlins in eine moderne, d. h. übersichtliche Verkehrsstation zu verwandeln, müssen sowohl außen als auch innen umfassende Veränderungen vorgenommen werden. Dies geschieht nach Plänen des Berliner Büros Becker Gewers Kühn & Kühn, das sich zum Ziel gesetzt hat, den Ostbahnhof zu einem Gebäude zu machen, das seine Besucher mit einer zeitgemäßen, klaren und sachlichen Architektur empfängt und dabei erkennen läßt, daß es gleichzeitig das Entree in die Metropole Berlin darstellt.

Dazu werden zunächst die historisierenden vorgeblendeten Fassaden des 1987 errichteten, über lange Zeit von Provisorien bestimmten Gebäudes sowie ein Vorbau entfernt. Geschichtlichen Bezug nehmen die Planer vielmehr auf das ursprüngliche Bauwerk von 1842. So wird bei der neuen Verblendung der Fassaden z. B. die historische Backsteinfarbe übernommen und im Gebäude die noch erhaltene »Wartburgwand« freigelegt. Da sie aufgrund der heutigen Erfordernisse nur wenig sichtbar sein wird, will man ihre Existenz mit einer geschickten Lichtführung herausarbeiten und dem Bahnhof damit zu einem besonderen Detail verhelfen. Um im Inneren eine Aufwertung der vorhandenen Flächen zu erreichen, werden nicht nur die wahllos eingebauten Kioske entfernt, sondern auch das Obergeschoß weitgehend entkernt und neu ausgestaltet. Helle, vielfach transparente Materialien und ein neues Beleuchtungskonzept sorgen dann für eine insgesamt freundlichere Atmosphäre. Großen Anteil an der Verbesserung der Raum- und Aufenthaltsqualität haben einige Maßnahmen, die einen

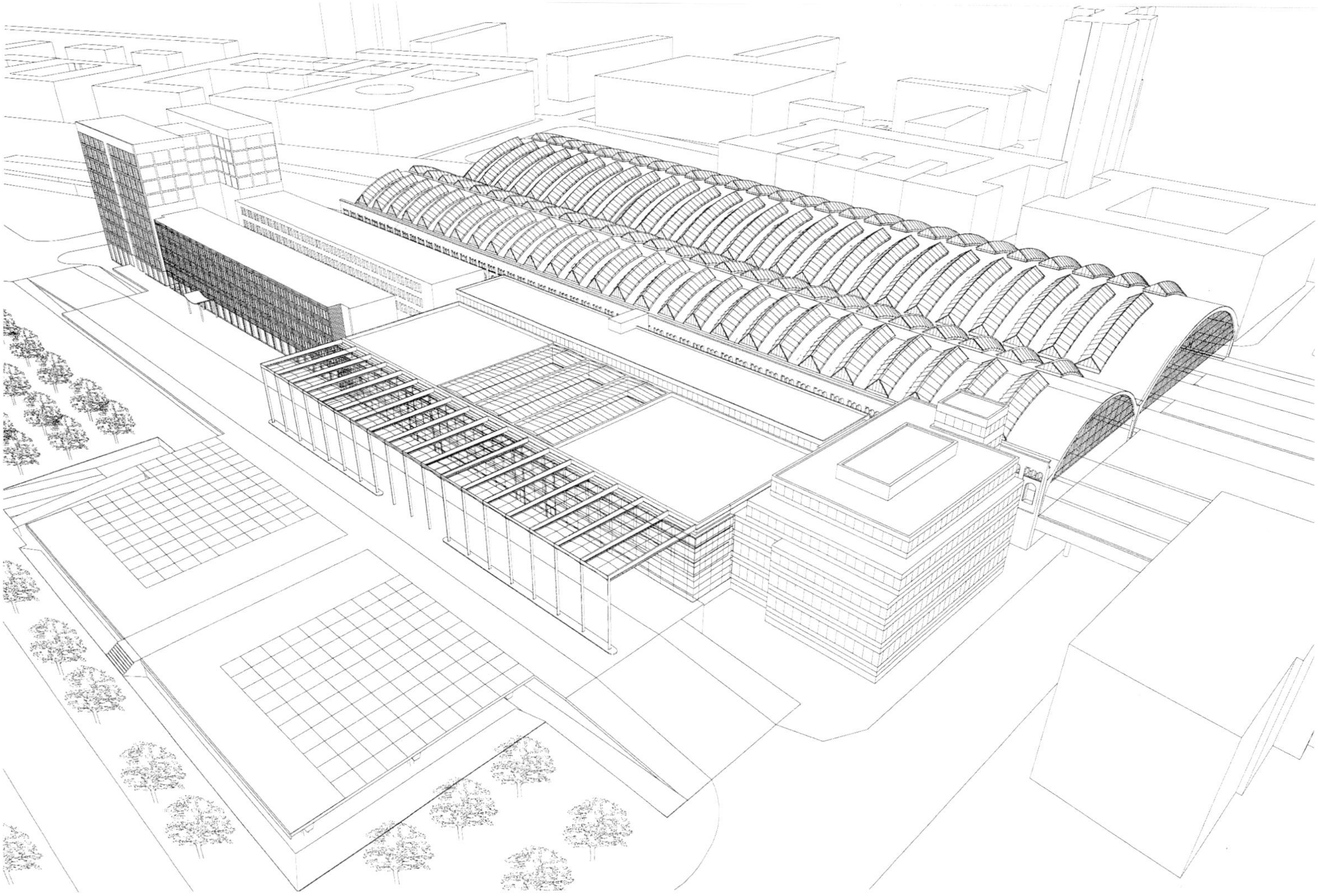

Berlin Ostbahnhof, Vogelperspektive

kontrollierten Tageslichteinfall in alle Ebenen des Bahnhofs gewährleisten. Dazu planen die Architekten eine Dachverglasung des Empfangsgebäudes und der Passage, die als Verbindung zum westlichen ICE-Tunnel benötigt wird und somit die Bahnhofshalle vergrößert. Für enorme Helligkeit sorgt auch die vollflächig verglaste Fassade, die zudem Blickbeziehungen nach draußen ermöglicht.

Im Zentrum der Bahnhofshalle erhalten Reisende an neugestalteten Countern der Deutschen Bahn AG außer Fahrkarten und Zugauskünften auch sämtliche Serviceleistungen des Touristikbereichs. Wartezeiten können in der unmittelbar angrenzenden *DB-Lounge* oder in ansprechenden gastronomischen Einrichtungen in der Nähe des Haupteingangs überbrückt werden. Im Übergangsbereich vom Tunnel zur Haupthalle entsteht eine neue Toilettenanlage des Typs *ReiseFrische*.

Darüber hinaus werden bis zum Jahr 2000 rund 15.000 Quadratmeter dahingehend umgebaut sein, daß Anwohner und Reisende im Hauptbahnhof auf viele kleine Läden für den Einzelhandel und auf andere Dienstleistungen sowie auf einen großen Fachmarkt der Unterhaltungsbranche im Obergeschoß treffen. Allein 4.300 Quadratmeter Fläche im Untergeschoß sind für einen Verbrauchermarkt vorgesehen. Ergänzt wird das Einzelhandelsangebot durch weitere Geschäfte in der geplanten Passage zwischen Haupthalle und Minerva-Haus und durch einen Hotel- und Bürokomplex, der, an das Empfangsgebäude angrenzend, in der Erich-Steinfurth-Straße errichtet wird. In einem zentralen Erschließungskern zusammengefaßte Rolltreppen und Fahrstühle stellen eine Verbindung zwischen den einzelnen Geschossen einschließlich der Galerieebene her, von der aus man behindertengerecht auf den Bahnsteig gelangt.

Eine wichtige Rolle übernimmt der Vorplatz des Bahnhofs, der Ziel- bzw. Ausgangspunkt für täglich ca. 100.000 Personen ist. Hier öffnet sich das Ge-

Bahnhofshalle mit Verteilerebenen

bäude über seine verglaste Empfangshalle zum Vorplatz hin, indem es ihn mit einem leichten, transparenten Vordach überspannt. Von diesem auf einem erhöhten Parkdeck gelegenen Vorplatz aus ergeben sich reizvolle Blickbeziehungen, die vom Straßenniveau aus weitgehend verstellt sind. So sieht man z. B. das Areal des Alten Postbahnhofs, der 1908 von Wilhelm Tuckermann erbaut wurde. Für das denkmalgeschützte Bauwerk gibt es inzwischen Planungen, nach denen es zu einem Standort für Freizeit und Kultur entwickelt werden soll.

Auch für den Stralauer Platz, dem Bahnhofsvorplatz gegenüber, liegen bereits interessante Pläne vor, die dazu beitragen werden, dieses »Spreequartier« aufzuwerten. Hier wie auch bei vielen Projekten im Umfeld zeigt die »OPUS Gesellschaft für Projektentwicklung mbH« großes Engagement. So sind in Zusammenarbeit mit dem Ingenieurbüro Ruschitzka & Trebs bereits Pläne entstanden für vier neue Gebäude auf den Grundstücken Stralauer Platz 29 bis 35: ein Büro- und Geschäftshaus, das die Architekten Tophof und Hemprich planen, ein Wohnhaus der Architektengruppe Kleffel, Köhnholdt, Gundermann und gleich daneben zwei Häuser der Chicagoer Architekten Murphy und Jahn, die das Baugenehmigungsverfahren bereits durchlaufen und damit konkrete Formen angenommen haben. Als ein Gewinn für die Stadt ist sicherlich anzusehen, daß sich an diesem Standort das »Zentrum Zukunftsenergien Berlin« ansiedeln wird. Nationale und internationale Energieunternehmen können sich dort auf den Gebieten Solar-, Wind- und Wasserenergie, Energienutzung aus Biomasse und nachwachsenden Rohstoffen sowie energiesparende Technologien in der Haustechnik profilieren.

Das Gebäude am Stralauer Platz 33–34 entsteht auf dem Grundstück der ehemaligen ersten Berliner Gasanstalt, deren Gebäude 1906 bis 1908 von den Architekten Reimer & Körte errichtet wurden. Der Entwurf von Murphy/Jahn bezieht die unter Denkmalschutz stehenden Bauteile in den Neubau entlang der Spree ein.

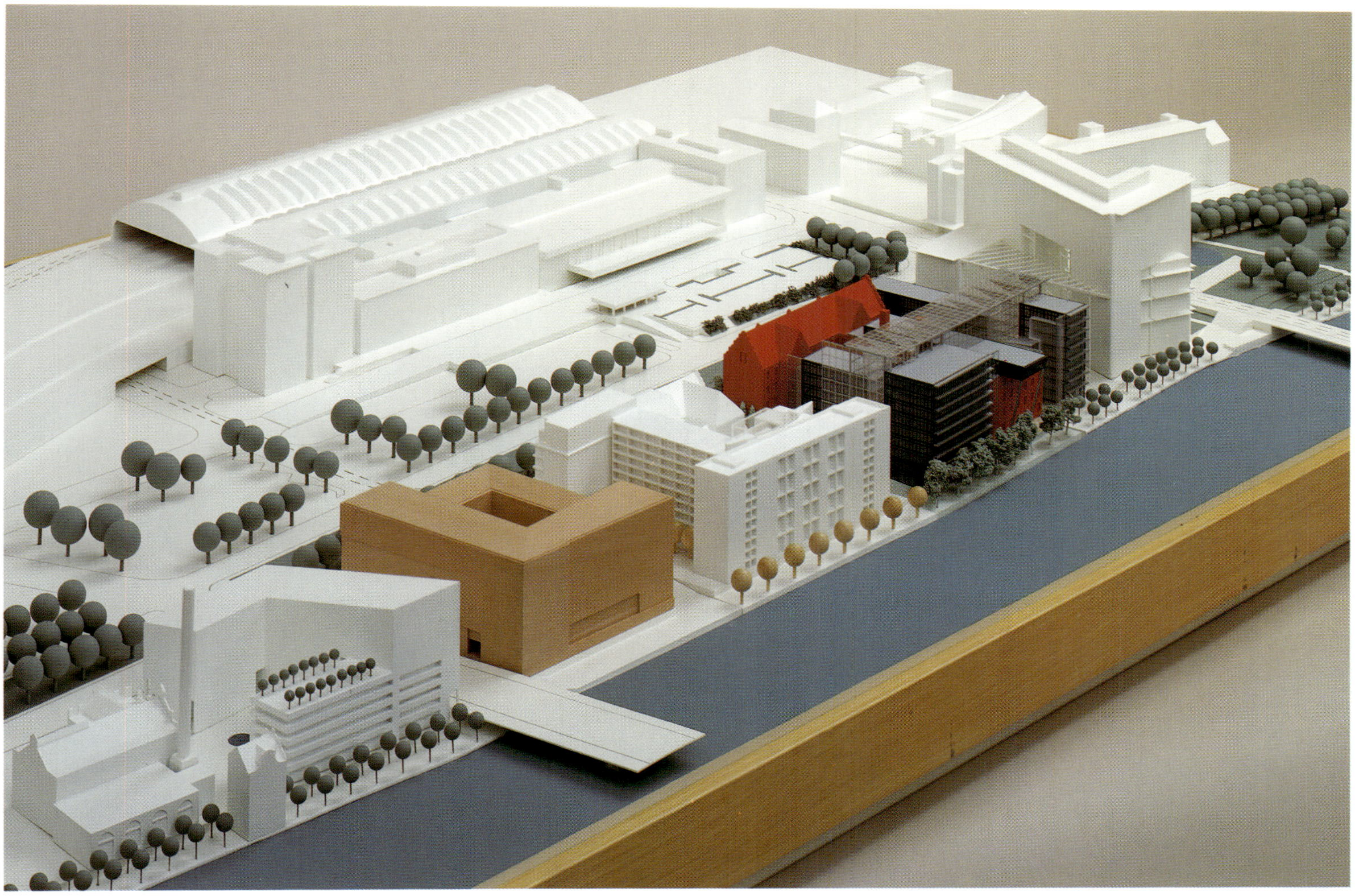

oben:
Stralauer Platz 29 – 35
Modellfoto: Lammel & Tschernawien

unten:
GASAG-Gebäude an der Spree von den Architekten Murphy/Jahn.
Im Modell oben ganz rechts zu sehen.

JANNOWITZBRÜCKE

Lage: Berlin-Mitte
Verkehrsanbindung: S3, S5, S7, S75, S9, U8, Busse
Bauherr: Deutsche Bahn AG
Architekt: Wehner · Gaisser · Schulz, Berlin
Bauzeit: 1995 bis 1998

Der Bahnhof Jannowitzbrücke in Berlin-Mitte wurde in den Jahren 1879 bis 1881 auf dem Stadtbahnviadukt errichtet und ist seither ununterbrochen in Betrieb. Schon vor der Jahrhundertwende erfolgte eine Erweiterung des Bahnhofs durch eine Stahlkonstruktion, die das Viadukt verbreiterte. Seine heutige Gestalt erhielt er zwischen 1927 und 1931, als man in Anlehnung an den Funktionalismus die Bahnsteige mit einem rechteckigen verglasten Baukörper überdeckte. Außerdem wurden die Viadukte in einer Weise verstärkt, daß unter den Gleisanlagen Räume entstanden, die von der Reichsbahn überwiegend als Betriebs- und Abstellräume, später dann von der DB genutzt wurden. Zuvor jedoch waren die Viaduktbögen offen und wurden von der Spree umspült. Eine letzte teilweise Instandsetzung fand 1987 statt, und 1995/96 erfolgte dann im Rahmen der Modernisierung der Gleisanlagen auch eine Grundinstandsetzung des Bahnhofs. Diese wurde nach Plänen der Architekten Wehner, Gaisser, Schulz durchgeführt, die danach ebenfalls das architektonische Konzept hinsichtlich einer wirtschaftlich sinnvollen Neustrukturierung und einer funktionsgerechten Nutzung des Gesamtkomplexes entwickelt haben.
Fünf S-Bahnlinien berühren diesen Bahnhof, der u. a. als Zubringer zu den Fernbahnhöfen Zoologischer Garten und Ostbahnhof dient. Von der Empfangshalle aus bestehen direkte Umsteigemöglichkeiten zur U-Bahnlinie 8 und zu verschiedenen Buslinien. Den besonderen Reiz dieses Bahnhofs jedoch machen die Wasserlage des Viadukts und die damit verbundene attraktive stadträumliche Situation aus. Zu den bereits genannten Verkehrswegen kommt hier der Fluß hinzu, an dessen Ufer sich auch eine Dampferanlegestelle befindet.
Nach der Entfernung von provisorisch eingebauten Läden und Kiosken, die die Empfangshalle dunkel und unübersichtlich machten, dominieren nun in diesem stark frequentierten Bereich des Verkehrsknotens Helligkeit und eine großzügige Raumaufteilung. Dies liegt zum einen an der wiederhergestellten Lichtdecke und zum anderen an der schlichten, einheitlichen Stahl-Glas-Konstruktion, mit der neue Geschäftseinheiten geschaffen werden. Diese an den Wänden entlanggeführten kleinen Läden, Service- und Gastronomieeinrichtungen bilden hohe, zum Teil geschwungene Innenfassaden aus und lassen in ihrer klaren Linienführung einen angenehmen Raumeindruck entstehen. Die zur Zeit noch als kühl empfundene Farb- und Materialkombination von blauen Stahlumrahmungen, ebenfalls blau schimmerndem Glas und grauschwarzen Granitfußböden wird sich positiv auswirken, wenn erst alle Läden bezogen sind und damit wieder mehr Leben einkehrt. Erwartet wird hier ein Aufkommen von täglich ca. 47.000 Fahrgästen.
Spreeseitig werden die Gewölbe der Viaduktbögen, die hier höher sind als bei den anderen Bahnhöfen, entkernt, um auch in diesem Bereich eine Optimierung der Vermarktungsflächen zu erreichen. So entstehen auf einer Fläche von etwa 250 Quadratmetern zweigeschossige Ladeneinheiten mit variablen Grundrissen, teilweise mit eingebauten Galerien unter den freigelegten Gewölbedecken. Zur Wasserseite sind die Bögen vollständig verglast, so daß deren Originalität auch von dort aus sichtbar ist. Darüber, ob der im Entwurf vorgesehene Steg reali-

siert wird, ist noch nicht abschließend entschieden. Zweifellos würde dies die Attraktivität eines Bahnhofs am Wasser weiter erhöhen.
Im Inneren verbindet eine zentrale Passage, die die historische Viaduktstruktur erkennen läßt, die einzelnen Bereiche miteinander. Moderne Treppenanlagen und ein Aufzug führen zu den Bahnsteigen, während man die tieferliegenden Ladenflächen auf der Spreeseite über innenliegende Treppen erreicht.

oben: Stadtbahnviadukt
im Wasser mit zugemauerten
Viaduktbögen

unten:
Bahnsteighalle innen

MINC

Viaduktbögen mit neuer Nutzung und außen am Wasser entlangführendem Steg

oben links: Aufsicht Erdgeschoß mit Erschließung

unten links: Passage Stadtbahnbögen innen

ALEXANDERPLATZ

Lage: Berlin-Mitte
Verkehrsanbindung:
Regionalbahn, S3, S5, S7, S75, S9, U2, U5, U8, Busse, Straßenbahnen
Bauherr: Deutsche Bahn AG
Architekt: Rebecca Chestnutt/ Robert Niess, Berlin
Bauzeit: 1995 bis 1998

Nach den Plänen des Architekten Johann Eduard Jacobsthal erbaut, wurde der Bahnhof 1882 in Betrieb genommen. 19 sichelförmige Bogenbinder überspannten die Halle und ließen die Dachkonstruktion deutlich erkennen. Bereits im Erdgeschoß teilte eine getrennte Verkehrsführung, für die Fernbahn an der östlichen Langseite und für die Stadtbahn am südlichen Kopfende, die Reisenden auf. Unter den vielen Einkaufs- und Vergnügungsmöglichkeiten in unmittelbarer Nähe, zu denen auch einige Treffpunkte der Halbwelt gehörten, fand die 1886 eröffnete Berliner Zentralmarkthalle, sozusagen mit direktem Gleisanschluß an die Bahnhofsstation, weltweite Beachtung. Der Bau der ersten U-Bahnlinie unterhalb des Bahnhofs in den Jahren 1911 bis 1913 nach Entwürfen von Alfred Grenander machte den Bahnhof Alexanderplatz schließlich zu einem der am stärksten frequentierten Verkehrsknotenpunkte Berlins.

1926 erhielt der Bahnhof eine neue, fast 20 Meter hohe Halle in Stahlbauweise, die es erlaubte, die Dachbinder schon am Boden beginnen zu lassen und eine Weite von 37 Metern tonnenförmig zu überspannen. Gleichzeitig wurden die seitlichen Fensterflächen vergrößert, so daß sich der Lichteinfall in den Bahnhof verbesserte. 1929 bis 1932 wurde der Bereich unterhalb der Gleise und Bahnsteige in seinen Fundamenten verstärkt und teilweise unterkellert. Diese Arbeiten standen im Zusammenhang mit dem großen Ausbau der U-Bahn in den Jahren 1927 bis 1930, der ebenfalls nach Plänen von Grenander durchgeführt wurde und das berühmte unterirdische Passagensystem entstehen ließ. In der Folge trafen sich am Alexanderplatz die Fernbahn, die Stadtbahn, drei U-Bahnlinien und mehrere Bus- und Straßenbahnlinien.

Nach dem Zweiten Weltkrieg mußten aufgrund starker Beschädigungen am östlichen Ende des Bahnhofs die ersten drei Hallenbinder und die Kuppeldächer des Vorbaus in der Dircksenstraße vollständig abgetragen werden. Ein neues und intaktes Aussehen erlangte der Bahnhof erst wieder 1965, im Rahmen einer Rekonstruktionsmaßnahme der Architekten Hans Joachim May und Günter Andrich. Neben einer ca. elf Meter hohen Längsverglasung der Halle kamen an der Nord- und Südseite je ein neuer Hallenbinder mit einer nach außen gewölbten Schürze hinzu. Im Inneren entstand eine Fußgängerpassage mit Läden, Rolltreppen und der gesamten für den Bahnbenutzer erforderlichen Infrastruktur. Das Erscheinungsbild dieser Bahnhofshalle paßte in das neue Ost-Berliner Stadtzentrum, das in seiner weitläufigen Dimensionierung den sozialistischen städtebaulichen Grundsätzen entsprach.

Nach weiteren 30 Jahren hat 1995 der Umbau begonnen, der den Alexanderplatz ab Mitte 1998 zu einem Verkehrsknotenpunkt für täglich etwa 250.000 bis 300.000 Reisende und Besucher machen wird.

Auch hier wird sich nicht nur der Bahnhof, sondern auch dessen Umfeld stark verändern, denn die Planungen nach Entwürfen von Hans Kollhoff sehen eine städtebauliche Verdichtung vor, die am Ende zu erfahrbaren Straßenräumen und einer wesentlich kleineren Platzgestalt führen wird. Für die Umgestaltung und Modernisierung des unter Denkmalschutz stehenden Bahnhofs bedeutet dies, daß er sich in seinem Erscheinungsbild künftig gegenüber Neubauplanungen in der Rathausstraße und der Verlängerung des benachbarten Warenhausgebäudes behaupten muß. Um dieser Situation zu begegnen, schlugen die Architekten Rebecca Chestnutt und Robert Niess in ihrem ersten Entwurf vor, die Bahnhofshalle ebenfalls zu erweitern, und zwar auf ihre historischen Ausmaße. Letzteres war jedoch aus Kostengründen nicht möglich, so daß man sich im Bemühen um ein starkes äußeres Erscheinungsbild darauf konzentriert hat, eine Neuformulierung sowohl für die Eingangssituation an der Rathausstraße als auch für die gesamte Fassade im Erdgeschoßbereich zu entwickeln. Oberhalb dieser Zone bleibt die 1963 erfolgte Verglasung erhalten.

Hinzu kommt ein neues Innenraumkonzept, das eine Flächenausnutzung durch Läden im Erdgeschoß sowie auch teilweise im Untergeschoß beinhaltet. Neben Fahrstühlen und Rolltreppen, die ein rasches und bequemes Umsteigen ermöglichen, wird durch eine großflächig angelegte, runde Treppe zwischen Erd- und Untergeschoß eine attraktive Verbindung zur U-Bahn geschaffen. Auf kürzesten Wegen kann am Alexanderplatz – bei einem Bahnsteig für den Regionalverkehr und einem für den S-Bahnverkehr – zwischen fünf S- und vier U-Bahnlinien gewechselt werden. Zudem ist es möglich, in unmittelbarer Nähe zwischen vier Buslinien sowie der Straßenbahn zu wählen.

Beim Umbau sowohl der inneren als auch der äußeren Erdgeschoßzone liegt der Schwerpunkt darauf, die 60 historischen Stadtbahnbögen mit ihrer klaren Pfeilerstruktur freizulegen und gleichzeitig Raum zu schaffen für neue Inhalte. Um dies zu erreichen, ist das Bahnhofsgebäude im Erd- und Kellergeschoß bis auf jene Viaduktstruktur vollständig entkernt worden, zugemauerte Arkaden hat man geöffnet und 14 Bögen des noch vorhandenen gelben Klinkermauerwerks restauriert. Die Struktur der übrigen Stadtbahnbögen ist unter einem weißen Verputz erkennbar.

Die Neugestaltung des Innenraums, der ca. 50 Läden mit unterschiedlich großen Verkaufsflächen Platz bietet, basiert auf der Herausarbeitung der drei parallel verlaufenden Viadukte. Dabei sind die Geschäfte ausschließlich in den Bögenstrukturen untergebracht, während sich die notwendigen Nebennutzungen im mittleren Bereich befinden, so daß zwei fast 200 Meter lange Einkaufspassagen entstehen. In Anlehnung an den traditionellen Berliner Bürgersteig sind im Laufbereich helle und dunkle Granitplatten in unterschiedlichem Rhythmus verlegt. Für die nötige Helligkeit sorgt eine abgehängte Metalldecke mit in die Deckenfelder eingelassenen Beleuchtungskörpern. Reisende und Besucher werden hier in den vielen Fachgeschäften ein breites Warenangebot von Socken über Lebensmittel bis hin zu Uhren und Schmuck finden, ergänzt durch eine Apotheke und moderne Schnellgastronomie. Da all diese Verkaufseinrichtungen wochentags von 6 bis 22 Uhr durchgehend geöffnet sein werden, ist eine spürbare Belebung des gesamten Alexanderplatzes zu erwarten, die sich – so hofft man – auch positiv auf die Umsätze der umliegenden Geschäfte auswirken wird.

Bahnhof Alexanderplatz, Blick von Süden

Zu den Einrichtungen der Bahn zählen ein *Service-Point* und ein modernes Reisezentrum mit drei Countern, das sich im Westteil der Eingangshalle befindet. Hinzu kommt ein S-Bahnverkaufsraum mit zwei Schaltern in der Nähe des Übergangs zur U-Bahn.

Bei der Fassadengestaltung im Sockelbereich wird eine selbsttragende, mit Naturstein ausgefachte Stahlkonstruktion vor die Pfeiler und Bögen gestellt. Die großflächig verglasten Öffnungen dieser Fassadenscheibe sind deutlich größer als die restaurierten Bögen gehalten, um diese optisch zu betonen. Die Verglasung selbst besteht aus einer rechtwinkligen Stahl-Glas-Konstruktion mit regelmäßigen Feldern, die auch im Inneren des Bahnhofs eingesetzt wird und dort an den Mittelviadukten wie

Gläserne Bahnsteighalle, im Erdgeschoß Glasfassade vor historischen Viaduktbögen

ein Vorhang wirkt. Im Rahmenbereich oberhalb der Schaufenster bzw. der Ein- und Ausgänge zu den Geschäften ist ein Feld vorgesehen, das je nach Bedarf für Informationen, Beleuchtung, Lüftung oder Rolläden benutzt werden kann. Naturwerksteinplatten, in den Betonrahmen bündig eingelegt, sollen an die alte Bahnhofsfassade erinnern. Mit dieser Zusammenschau der freigelegten historischen Schichten und der neuen, modernen Fassadenscheibe, durch deren Fenster man sozusagen Einblick in eine andere Zeit erhält, gelingt es den Architekten, die besondere Bedeutung des Alexanderplatzes sichtbar zu machen.

Die städtebaulich bedingte Verlegung des Hauptdurchgangs um zwei Achsen nach Osten, bei gleichzeitiger Verlagerung der vorhandenen Treppe und der Rolltreppen, führt zu einer neuen symmetrischen Organisation der Erschließung. Von allen Zugängen aus erreicht man beide Bahnsteige durch feste Treppen, Rolltreppen oder kombinierte Treppen- und Rolltreppenanlagen. Hinzu kommen behindertengerechte Aufzüge an beiden Bahnsteigenden.

Architektonisches Gestaltungselement in der neu geschaffenen Eingangshalle an der Rathausstraße ist die zentrale Treppe zur U-Bahn mit ihrem großen transparenten Treppenauge. Neben dem ästhetischen Aspekt ermöglicht es eine verbesserte Orientierung, da man auf die einzelnen Bahnsteigebenen schauen kann.

Auf dem S-Bahnsteig befindet sich ein neues Aufsichtsgebäude in Form einer Ellipse. Hinter der gebogenen Glashaut erkennt man Stahlstützen mit linsenförmigem Querschnitt, auf denen ein konvexes Stahldach ruht. Dieses Aufsichtsgebäude im neuen Bitsch-Design soll bald auf weiteren Bahnhöfen die unansehnlichen Glaskästen ablösen.

oben: Ladenpassage
mit Aufgang zur Bahnsteighalle
Foto: W. Huthmacher/Architekton

unten links: Ladenpassage

unten Mitte: runde Treppe
mit Übergang zur U-Bahn
Foto: W. Huthmacher/Architekton

unten rechts: Viaduktpassage
mit historischer Pfeilerstruktur
Foto: W. Huthmacher/Architekton

U
Ausgang
Rathausstraße

Restaurierte und
modernisierte Bahnsteighalle

Foto: W. Huthmacher/Architekton

HACKESCHER MARKT

Lage: Berlin-Mitte
Verkehrsanbindung: S3, S5, S7, S75, S9
Bauherr: Deutsche Bahn AG
Architekt: AS Architektensocietät, Berlin
O. Figallo, N. Rottwinkel-Tuncel, R. Birkel mit P. Rottwinkel
Bauzeit: 1997 bis 1999

»Börse« hieß der Bahnhof, der zusammen mit dem Bau der Berliner Stadtbahn 1878 bis 1882 entstand. Entworfen wurde er von dem Architekten Johannes Vollmer und gilt bis heute als ein besonders gelungenes Beispiel für die Architektur von Verkehrsbauten des 19. Jahrhunderts.

Der S-Bahnhof Hackescher Markt ist neben dem Bahnhof Bellevue der einzige, dessen Bahnsteighalle noch im Originalzustand von 1881 erhalten ist. In den 70er Jahren unseres Jahrhunderts, als er den Namen »Marx-Engels-Platz« trug, wurde der Bahnhof unter Denkmalschutz gestellt. Im Auftrag der Deutschen Bahn AG erfolgte durch die Berliner AS Architektensocietät eine sorgfältige Restaurierung, so daß viele schöne Details der innen und außen mit Klinkern verkleideten Seitenwände wieder erkennbar sind. Die durch Pfeilervorlagen in Segmente aufgeteilte Außenfassade ist besonders reich verziert; mit Formsteinen und starken Profilierungen im unteren Bereich der flachen Bogenöffnungen, darüber jeweils ein dreiteiliges Fassadenfeld mit Pilastergliederung. In den Feldern selbst befinden sich zwei rechteckige Fenster im Inkrustationsstil und dazwischen, auf einer ornamentierten Brüstung, ein rundes Fenster.

Wie oben angedeutet, sollte die Modernisierung dieses Bahnhofs eher als eine Restaurierung und grundlegende Instandsetzung verstanden werden, an deren Ende das historische Bauwerk in seinem alten Glanz erstrahlt. In neuem Licht erscheint der Innenraum, der bereits mit dem Leit- und Orientierungssystem und dem Mobiliar einer modernen Verkehrsstation ausgestattet ist. In der 100 Meter langen und 16 Meter breiten Bahnsteighalle tragen flache Eisenbögen, die Gleise überspannend, ein gebogenes, holzverkleidetes Dach, das in regelmäßigen Abständen von in Querrichtung angeordneten kleinen gläsernen Dachausformungen unterbrochen wird. So verteilt sich das Tageslicht auf die gesamte Hallenbreite, was eine leichte Modifizierung gegenüber dem historischen, mittig aufgesetzten, gläsernen Satteldach darstellt. Zugleich schafft dies optisch einen leichteren Übergang zu der westlich anschließenden Bahnsteigverlängerung, die nur mit einem Wetterschutz überdeckt ist.

In die Stadtbahnbögen soll nach erfolgtem Ausbau wieder urbanes Leben einziehen. Neben kleinen Läden sind hier mitten in der prosperierenden »Altstadt« Berlins, zwischen den Straßen Neue Promenade und An der Spandauer Brücke, Restaurants, Galerien und Künstlerwerkstätten besonders willkommen.

Luftaufnahme Stadtbahnhof
Hackescher Markt mit
verlängerter Bahnsteighalle

unten links: Bahnsteighalle
mit neuer Innenausstattung

unten rechts: restaurierte
Bahnhofsfassade

FRIEDRICHSTRASSE

Lage: Berlin-Mitte
Verkehrsanbindung: Regionalbahn, S1, S2, S25, S5, S7, S75, S9, U6
Bauherr: Deutsche Bahn AG
Architekt: Werner Weinkamm, Berlin
Bauzeit: 1995 bis 1999

Der Bahnhof Friedrichstraße wurde ebenfalls zusammen mit der Berliner Stadtbahn errichtet, und auch sein Empfangsgebäude baute man in die Viadukte ein. Die Pläne dazu stammten von Johannes Vollmer, der eine außen mit rotbraunen Ziegeln verkleidete Bahnhofshalle entwarf, die helle und dunklere Bänder zierten. Im Inneren der lichten Halle überspannten einheitliche Bogenbinder die Bahnsteige. Das Empfangsgebäude kennzeichnete ein klar gegliedertes Wegesystem, das die Reisenden beim Betreten der Halle über den nördlichen Haupteingang sogleich nach Fern- und Stadtbahn aufteilte; ankommende Fahrgäste wurden zum Ausgang im Süden des Gebäudes geleitet. 1891 kam ein weiterer Eingang an der westlichen Spreeseite hinzu.
1913 begannen umfangreiche Bauarbeiten sowohl an den Gleisanlagen als auch am Hallendach, die jedoch im Ersten Weltkrieg und in der Nachkriegszeit nur langsam vorankamen und erst 1925 abgeschlossen werden konnten. 1923 ging ein dritter Stadtbahnsteig in Betrieb, wobei der mittlere Bahnsteig dem Fernverkehr diente. Für diese Erweiterung des Gleisfeldes erfolgte bereits 1914 der Abriß des Hallendaches, an dessen Erneuerung nach einem Entwurf von Carl Theodor Brodführer erst 1923 wieder gearbeitet wurde. Das Ergebnis war ein frühexpressionistischer Neubau mit getrennten Hallen. Eine flache Bogenkonstruktion überspannte in unterschiedlicher Höhe die 39 Meter breite Fernbahnhalle und die 19 Meter breite Stadtbahnhalle.
1933 begann man schließlich im Zuge einer nationalsozialistischen Arbeitsbeschaffungsmaßnahme damit, eine erste Tunnelstrecke durch Berlin zu graben. Die Pläne für eine Verbindung zwischen den nördlichen und den südlichen Vorortstrecken existierten allerdings schon seit 1910. Pünktlich zur Olympiade 1936 war die erste Hälfte der Nord-Süd-Bahn fertig: Sie reichte vom Stettiner Bahnhof bis zur Station Unter den Linden und wurde bis 1939 zum Anhalter Bahnhof weitergeführt. Somit war der Bahnhof Friedrichstraße nicht nur untertunnelt, sondern ihm wuchs auch größte Bedeutung als wichtigster Verkehrsknotenpunkt im Zentrum der Stadt zu.
Will man heute an die Blütezeit des Bahnhofs Friedrichstraße anknüpfen, liegt der Bezugszeitraum verständlicherweise in den 20er Jahren, zumal sich mit der Machtergreifung der Nationalsozialisten bereits ein anderer Ton in dieses lebendige Bahnhofsviertel mischte, der einen kontinuierlichen Verfall und schließlich seine Zerstörung einleitete.
In den 20ern dagegen, als der Bahnhof noch als der heimliche »Centralbahnhof« galt, muß es für Reisende aus der Provinz wie ein Schock gewirkt haben, dort anzukommen. Ob man wollte oder nicht, von diesem Ausgangspunkt führte jeder Weg ins pralle Leben. Am Tage war es die bunte Geschäftswelt, die große Anziehungskraft besaß, und am Abend war dort für jede Art von Vergnügungen gesorgt. So wundert es nicht, daß die Station Friedrichstraße einer der beliebtesten Treffpunkte Berlins war.
Nach dem Zweiten Weltkrieg wurde der Bahnhof 1948 als erster wiederaufgebaut, erfüllte auch bald wieder seine wichtige Funktion im S-Bahnverkehr, um dann mit dem Bau der Mauer am 13. August 1961 zum Grenzbahnhof zu werden. Der Einbau von Trennwänden in der Bahnsteig- und Eingangs-

halle spaltete den Bahnhof Friedrichstraße sowohl verkehrsbetrieblich als auch politisch in zwei Endpunkte. Bald darauf wurde vor der Nordfront des Bahnhofs ein Gebäude zur Grenzkontrolle errichtet, das im Volksmund »Tränenpalast« genannt wurde. So heißt es noch heute, dient aber seit dem Fall der Mauer kulturellen Veranstaltungen.

Die 1995 begonnenen Umbauten am Bahnhof Friedrichstraße sollen unter denkmalpflegerischen Gesichtspunkten durchgeführt werden und dem Bahnhof vor allem seine Klinkerfassade aus den 20er Jahren zurückgeben, diesmal rundum, denn auf der Südseite war sie ursprünglich nicht vorhanden. Nach den Plänen des Architekten Werner Weinkamm, der über langjährige Erfahrung im Umgang mit denkmalgeschützten Bahnhöfen verfügt, bleibt in der äußeren Gestaltung vieles bestehen bzw. wird rekonstruiert. Das Dach der Bahnhofshalle wird auf seine historische Breite geöffnet, so daß bald wieder mehr Tageslicht auf die Bahnsteige fallen wird. Die beeindruckende Raumwirkung der Bahnsteighalle erzielt der Architekt durch eine Farb- und Materialwahl, die sich durchgängig auf schwarzen Stahl und klare Glasflächen beschränkt. So kommen die rundbogige Überdachung und die Weite der zweischiffigen Halle zur vollen Geltung wie auch der flache, verglaste Kielbogen an der Stirnseite des S-Bahnsteigs. An den Längsseiten reichen die Glasflächen in ihren kleinteiligen Stahlrastern bis auf Bahnsteighöhe und lassen die wie eine Wasserspiegelung abgeschwächte Farbigkeit des Außenraums in die Bahnsteighalle gelangen.

Im Innenraum des Empfangsgebäudes, das sich als eine weite, großzügige Halle präsentieren könnte – denn im Gegensatz zu den anderen Bahnhöfen der Stadtbahn hat man hier bereits in den 20er und 30er Jahren die Viaduktbögen zugunsten schlanker, betonverkleideter Stahlstützen abgetragen –, setzt die Deutsche Bahn AG auf ein Maximum an Vermarktungsflächen, so daß dort unter denkmalpflegerischen Gesichtspunkten weniger puristisch vorgegangen wird. Die genannten Stahlstützen erhalten eine Ummantelung aus jeweils 60 Zentimeter hohen, geätzten oder siebbedruckten Scheiben aus Verbundsicherheitsglas und ergänzen damit die Gestaltung der vielen Ladeneinheiten, die bei einer Gesamtfläche von 4.500 Quadratmetern rund 4.170 Quadratmeter ausmachen.

Bahnhof Friedrichstraße, Stirnseite der Bahnsteighalle, 1914

Mit 55 Geschäften, die täglich bis 22 Uhr geöffnet sind, entsteht ein Branchenmix aus Unterhaltung, Freizeit, Nonfood, Gesundheit, Gastronomie, verschiedenen Dienstleistungen und natürlich den DB-Servicediensten. Sie verteilen sich auf das Erdgeschoß des Sockelbauwerks, auf eine neu errichtete Galerie im Zwischengeschoß, über das man künftig den S-Bahnsteig C erreicht, bis hinein in das Kellergeschoß, wo eine große Sanitäranlage des Typs *ReiseFrische* eingerichtet worden ist. Abgesehen von diesem Bereich mit rutschfesten Keramikfliesen, werden für die gesamte Innenraumgestaltung vornehmlich die Materialien Glas und Edelstahl sowie Granit verwandt. Letzterer dient als Fußbodenbelag und in den Eingangsbereichen auch als Stützenverkleidung. Im Zentrum des Bahnhofs befindet sich ein *Service-Point*, das Reisezentrum mit fünf Countern und ein S-Bahn-Verkaufsraum. Einen unerwarteten Blickfang bildet die bei den Umbauarbeiten entdeckte Werbetafel der Kosmetikfirma Gerdeen, die vermutlich Anfang der 50er Jahre in die Fliesenwand eingelassen wurde. Aller-

rechts:
Bahnhof Friedrichstraße,
Blick in die Georgenstraße

unten:
Werbetafel der Kosmetikfirma
»Gerdeen«

dings kann sie nicht an ihrem Fundort bleiben, sondern wird am U-Bahnausgang Richtung Handelszentrum und Museumsinsel angebracht.

Die Durchführung der einzelnen Baumaßnahmen gestaltet sich beim Bahnhof Friedrichstraße besonders schwierig, da kaum Pläne oder verläßliche Angaben zur Statik erhalten geblieben sind, auf die man zurückgreifen könnte. Zudem hat sich die Bausubstanz in weiten Teilen als marode erwiesen, so daß man sich dazu entschließen mußte, das Gebäude vollständig zu entkernen. Daher ist dieses Bauprojekt entsprechend langwierig, aufwendig und mit ständig wechselnden Unwegsamkeiten für die S-Bahnfahrgäste verbunden. Ob, was lange währt, auch gut wird, kann man in einem Teil zunächst seit Mai 1998 erkennen, denn seitdem sind die Bahnsteighalle Nord saniert und der Innenraum restauriert. Auch die Grunderneuerung des nördlichen Sockelgeschosses mit den neuen Zugängen zur S-Bahn ist abgeschlossen. In diesem Teilbereich verfügt der Bahnhof, neben festen Treppen, über vier Rolltreppen und einen Aufzug. Ebenfalls noch im Jahr 1998 wird nach längeren Bauarbeiten die Fertigstellung der erneuerten 90 Meter langen Brücke über die Spree erwartet.

In einem zweiten Bauabschnitt, dessen Abschluß für Ende 1998 vorgesehen ist, finden die Sanierung der Bahnsteighalle Süd und der Neuaufbau der Fernbahnsteige statt, die in diesem Zusammenhang neue Zugänge erhalten. Insgesamt gibt es im Südteil acht Rolltreppen und zwei Aufzüge sowie feste Treppen.

Mit 110.000 Besuchern täglich wird gerechnet, da der Bahnhof über die guten Verkehrsanbindungen hinaus in unmittelbarer Nähe zu besonderen Sehenswürdigkeiten Berlins liegt. Wie an der derzeitigen regen Bautätigkeit ablesbar ist, entwickelt sich auch das Bahnhofsumfeld zu einem Bereich mit vielfältigem Dienstleistungs- und Warenangebot.

Blick auf die Stadtbahn und den Bahnhof Friedrichstraße

Neue Bahnhofshalle mit Galerie
Foto: A. Schippel

Zweischiffige Bahnsteighalle, der linke Bahnsteig ist für die S-Bahn, die beiden rechten Bahnsteige sind für die Fernbahn vorgesehen.

BELLEVUE

Lage: Berlin-Tiergarten
Verkehrsanbindung: S3, S5, S7, S75, S9
Bauherr: Deutsche Bahn AG
Architekt: Dörr · Ludolf · Wimmer, Berlin
Statiker: Fa. Oevermann
Büro Vaziry, Elahi und Partner
Bauzeit: 1995 bis 1997

Johann Eduard Jacobsthal, der Architekt des Bahnhofs Alexanderplatz, hat ebenfalls den Haltepunkt Bellevue entworfen, der 1881 in Betrieb genommen wurde. Seine Bahnsteighalle ist neben der des Bahnhofs Hackescher Markt die einzige, die in der Originalausführung erhalten geblieben ist. Ein flachbogiges Dach überwölbte die Gleise und ließ über ein mittig aufgesetztes, voll verglastes Satteldach Tageslicht einfallen. Zudem gelangte viel Licht durch die beidseitig angeordneten Bogenfenster, die jedoch im Laufe der Zeit nach und nach zugemauert wurden. Zwischen den Stadtbahnbögen Bel 6 und Bel 20, in stadträumlich bevorzugter Situation gelegen, war der Bahnhof bis zum Mauerbau ein stark frequentierter Ort. Von dort waren es nur wenige Schritte in den Tiergarten, auch boten sich lange Spaziergänge an den Ufern der Spree entlang und eine Besichtigung des Schlosses Bellevue an. Aber nicht nur der Gedanke an Freizeit und Erholung führte dorthin, sondern es lockten auch die Einkaufsmöglichkeiten in den Stadtbahnbögen, die im gesamten Bereich der Flensburger Straße vielfältig genutzt wurden. Als weitere Ziele kamen in den späten 50ern das Hansaviertel und die Akademie der Künste hinzu, die in der Folgezeit jedoch über den U-Bahnhof Hansaplatz angesteuert wurden. Der einst so beliebte Bahnhof Bellevue dämmerte währenddessen vor sich hin und befand sich nach dem Mauerfall in einem recht trostlosen Zustand.

Das Bauprojekt Haltepunkt Bellevue, 1997 fertiggestellt, ist Bestandteil der Gesamtmaßnahme »Schnellbahnverbindung Hannover-Berlin« die vorrangig die Modernisierung und Erweiterung der Betriebsanlagen beinhaltet. Gleichermaßen gehört Bellevue in das Programm der Deutschen Bahn AG, das sich die Grunderneuerung von S-Bahn-Haltepunkten zum Ziel gesetzt hat. Da es sich um ein denkmalgeschütztes Bauwerk auf der Stadtbahnstrecke handelt, deren Bahnhöfe besondere Attraktivität aufweisen sollen, hat man für die Neugestaltung Bellevues weit mehr Mittel aufgewandt als z. B. für die S-Bahnhöfe, die den Ring schließen werden.

Die erfolgreiche Umsetzung dieses Anspruchs ist den Berliner Architekten Dörr · Ludolf · Wimmer gelungen, die ein Konzept entwickelt haben, das von einer guten Abstimmung zwischen Architektur und Design zeugt. Zugleich ermöglicht es eine Zusammenschau von alt und neu, bei der die notwendigerweise entstehenden Brüche als sinnvoll empfunden werden.

Im Rahmen einer restaurierenden Instandsetzung wurde das gelbbraune Klinkermauerwerk im Innern der Bahnhofshalle wieder herausgearbeitet, so daß man die unterschiedlichen Farbnuancen sowie einige schöne Details, wie die kleinen Ornamente und Rosetten in der oberen Wandzone, wieder erkennen kann. Das alte Tragwerk der holzverkleideten Decke wurde gründlich aufpoliert und durch eine feingliedrige Stahlkonstruktion ergänzt, die die gesamte Halle überspannt. Zugbänder übernehmen die Lastenverteilung und dienen außerdem zur Befestigung der modernen Beleuchtungsschienen. Der entstehende Lichtstreifen korrespondiert mit der eingelassenen hellen Fußbodenlinie und markiert mit ihr zusammen den Sicherheitsabstand zur Bahnsteigkante. Zugleich wird dadurch die horizontale Bewegung am Bahnsteig unterstrichen, ohne jedoch Geschwindigkeit oder gar Eile zu vermitteln. Aufgrund der sparsam gewählten Mittel entsteht vielmehr der Eindruck ruhiger Dynamik. Die Bewegungslinie setzt sich fort bis unter das neue Bahnsteigdach, das sich an das östliche Ende der Bahnsteighalle schließt. Dort bildet es eine Verlängerung, die schon seit dem Ende des Dampflokomotivenbetriebs existiert. Diese einfache, lediglich als Wetterschutz dienende Überdachung nimmt sowohl die Materialkombination des Hallendachs als auch die Form des kleinen verglasten Satteldachs auf, läßt in der Leichtigkeit seiner Konstruktionsweise aber keinen Zweifel daran, daß es sich um ein neues Element einer modernen Verkehrsstation handelt. Letzteres zeigt sich auch an den dort installierten Informationseinrichtungen für die Fahrgäste sowie den neuen Betriebsräumen der S-Bahn.

In die Empfangshalle des Bahnhofs Bellevue ist noch kein Leben zurückgekehrt, da der Einbau von Läden und Cafés erst zu einem späteren Zeitpunkt stattfinden soll; dennoch gibt es erhebliche Verbesserungen, denn die Architekten haben geradezu eine Entkernung vorgenommen, um hier moderne Fördertechnik wie Fahrtreppen und einen behindertengerechten Aufzug einbauen zu können. Architektur und Design treffen in diesem Bereich auf einer klaren Linie zusammen und machen diesen Bahnhof zu einem durchaus angenehmen Ort. Bedauerlicherweise gibt es noch keinen Hinweis darauf, wann der Bahnhof außen instand gesetzt wird, denn hier schreitet die Verwahrlosung fort und bildet damit einen unschönen Kontrast zu der gelungenen Innenraumgestaltung.

Nach historischem Vorbild modernisierte Bahnsteighalle

oben links: mittige Bahnsteigerschließung mit Blick auf die Dachkonstruktion

unten links: Eingangsbereich Bartningallee

TIERGARTEN

Lage: Berlin-Tiergarten
Verkehrsanbindung: S3, S5, S7, S75, S9
Bauherr: Deutsche Bahn AG
Architekt:
Dörr · Ludolf · Wimmer, Berlin
Statiker: Fa. Oevermann
Büro Vaziry, Elahi und Partner
Bauzeit: 1995 bis 1997

Der Bahnhof Tiergarten war ebenfalls Teil des Berliner Stadtbahnbaus und vereinte in seinen Viaduktbögen vielfältige Nutzungen. Er gehörte zu jenem zweckmäßigen Bautypus, bei dem einzelne Bögen auch als Bahnhofseingänge dienten, eine Annehmlichkeit, die in den Jahren des Verfalls der Berliner S-Bahn kaum noch genutzt werden konnte, da die meisten Bogeneingänge zugemauert waren. Die Verkehrsströme wurden vielfach auf einen Punkt konzentriert, so daß sich Beschilderungen und Instandhaltungen auf ein Minimum reduzierten.
Wie Bellevue wurde der zwischen Kilometer 8,120 und 8,290 auf dem Stadtbahnviadukt gelegene Haltepunkt im Zeitraum 1995 bis 1997 grundlegend umgebaut. Die Pläne dazu stammen wiederum von Dörr · Ludolf · Wimmer. So trifft man heute auf einen vollständig modernisierten Bahnhof, der sowohl ein schlüssiges Konzept als auch ein stimmiges Verhältnis zwischen Gesamtbild und Detail erkennen läßt. Erreicht wird dies mit Hilfe weniger, gut aufeinander abgestimmter Materialien. Durchgängig verwandt werden helle, leichte Holzverkleidungen in Lamellenform, wie sie sich z. B. am Aufsichtsgebäude befinden, ergänzt durch sanft geschwungene Holzbänke in den Wartebereichen. Der Bahnsteigneubau macht deutlich, daß die Architekten großen Wert darauf gelegt haben, ein positives Raumgefühl herzustellen, obwohl es sich um eine offene Bahnstation handelt. Über die gesamte Länge des Bahnsteigs zieht sich eine anthrazitfarbene, leicht gebogene Stahlkonstruktion, die ein holzverkleidetes Dach trägt, so daß ein Wetterschutz gegeben ist und gleichzeitig viel Tageslicht einfallen kann. Um die Dominanz der horizontalen Bewegungsrichtung zu stärken, sind alle erforderlichen Bahnsteigelemente so angeordnet, daß sie freie Sicht gewährleisten. So bestehen auch die Schutzwände gegen Seitenwind aus transparentem Material, um den offenen, übersichtlichen Raumeindruck nicht zu stören. Eine weitere Zutat sind deren farbige Umrandungen, die, in Reihe gestellt, den Blick ebenfalls in die Länge ziehen.
Ein behindertengerechter Aufzug und wieder instand gesetzte Treppenanlagen führen auf den Bahnsteig bzw. auf die unteren Verkehrsflächen, die ebenfalls mit neuen Bodenbelägen sowie Wand- und Deckenverkleidungen versehen sind. Die derzeit ungenutzten Flächen der Eingangsebene sollen zu einem späteren Zeitpunkt für Gastronomie und Gewerbe hergerichtet werden.
Dies ist sicher ein lohnendes Ziel, denn in der Woche wird der Bahnhof Tiergarten von den Studenten der Technischen Universität genutzt, und am Wochenende frequentieren ihn viele Berliner und Touristen, die den Trödelmarkt am 17. Juni besuchen oder sich im nahegelegenen Berlin-Pavillon ein Bild von den geplanten städtebaulichen Veränderungen machen wollen.

Überdachter Bahnsteig in neuem Design
Foto: Nieswand & Pletschke

ZOOLOGISCHER GARTEN

Lage: Berlin-Charlottenburg
Verkehrsanbindung:
Fernbahn, RE1, RE2, RE3, RE4, RE5, S3, S5, S7, S9, U2, U9, zahlreiche Buslinien
Bauherr: Deutsche Bahn AG
Architekt: AS Architekten-Societät, Berlin
O. Figallo, N. Rottwinkel-Tuncel, R. Birkel mit P. Rottwinkel
Bauzeit: 1998 bis 2000

Der Bahnhof Zoologischer Garten am Hardenbergplatz wurde 1884 als Fern- und Stadtbahnhaltestelle in Betrieb genommen. Das Gebäude erfuhr im Laufe der Zeit zahlreiche Veränderungen. Ohne Bezugnahme auf den Bestand wurden dabei einzelne Bereiche dem jeweiligen Stand der Technik bzw. dem geltenden Zeitgeschmack entsprechend umgebaut. Das heutige Erscheinungsbild basiert im wesentlichen auf einer Umgestaltung durch Fritz Hane. Während die neue Fernbahnhalle erst 1940 eröffnet werden konnte, war der S-Bahnhof rechtzeitig zu den Olympischen Spielen 1936 fertig. Nach Hanes Plänen wurden die über einem Sockelgeschoß liegenden Bahnsteige mit einer hohen, rechteckigen Doppelhalle überspannt, wobei die seitlich angelagerte Stadtbahnhalle deutlich niedriger war. Somit erfolgte auch optisch eine Trennung nach Fern- und S-Bahnverkehr. Beide aus einer modernen Eisenkonstruktion bestehenden Hallenüberdachungen erhielten eine Sprosseneinteilung mit verglasten Zwischenfeldern, so daß sie, verglichen mit dem klassizistischen Vorgängerbau, ausgesprochen sachlich und nüchtern wirkten. Gleichzeitig bildeten die Bahnsteighallen einen starken Kontrast zu dem massiven Unterbau des Stadtbahnviadukts und der teilweisen Verkleidung mit Muschelkalkplatten.

Nach starken Beschädigungen im Zweiten Weltkrieg wurde 1953 mit dem Wiederaufbau des Bahnhofs begonnen. 1957 errichtete Horst Engel an der dem Hardenbergplatz zugewandten Seite einen auf Stützen vorgelagerten Anbau, die Zoo-Terrassen. In den Jahren der deutschen Teilung übernahm die relativ kleine Verkehrsstation für den westlichen Teil der Stadt die Funktion eines Hauptbahnhofs. Zur 750-Jahr-Feier Berlins 1987 wurden die Empfangs- und Bahnsteighallen renoviert und der Bahnhofsvorplatz umgestaltet. Mit dieser Maßnahme sollte nicht zuletzt dem Negativ-Image der Station der »Kinder vom Bahnhof Zoo« begegnet werden. Die wechselvolle Geschichte des Bahnhofs Zoo hat dazu geführt, daß die Verkehrsanlage heute keinen in sich geschlossenen Gesamteindruck vermittelt, der Komplex vielmehr in gestalterisch divergierende Einzelelemente zerfällt.

Im Zuge des Modernisierungsprogramms der Deutschen Bahn AG wird der Bahnhof bis zur Jahrtausendwende von der Berliner AS Architektensocietät zu einer übersichtlichen Verkehrsstation umgebaut. Begonnen hat man 1994 mit der Neugestaltung des vorderen Empfangsbereichs am Hardenbergplatz. Dazu erfolgte eine neue Anordnung der DB-Servicedienste und die Einrichtung eines modernen *ReiseZentrums.* Mehrere kleine Läden sowie unterschiedliche Gastronomiebereiche sind entstanden, so daß kürzere Wartezeiten seither überbrückt werden können. Zu einem insgesamt freundlicheren Ambiente tragen Fußböden, Wände und Stützpfeiler bei, die Granitbeläge in den Farben grau, rot und schwarz erhielten. Ein zeitgemäßes Beleuchtungssystem und nicht zuletzt regelmäßige gründliche Reinigung lassen alles ausreichend hell erscheinen. Diese wichtigen ersten Veränderungen wecken positive Erwartungen hinsichtlich des Ende 1998 beginnenden zweiten Bauabschnitts, der auch die Außenfassaden mit einbezieht. Nach den Entwürfen der AS Architektensocietät soll ein der hochwertigen Stadtlage angemessenes attraktives Bahn-

hofsgebäude entstehen, das sich nach außen öffnet und innen hell und transparent gestaltet ist.
Trotz der problematischen architektonischen Gestalt der Anlage, die zu radikalen Maßnahmen reizen könnte, gehen die Planer behutsam mit dem Vorhandenen um und berücksichtigen neben historischen Aspekten auch den ideellen Wert, den dieser Bahnhof für die Berliner hat. Dies zeigt sich insbesondere in der Gestaltung der Außenfassaden. So bleiben das Sockelbauwerk der Bahnsteighallen, die Fronten an der Hardenbergstraße, teilweise der Jebensstraße, der Kantstraße und der Hertzallee insgesamt in der vorhandenen Muschelkalkverkleidung erhalten, welche sorgfältig instand gesetzt wird. Die noch bestehenden Hochbahnviadukte werden freigelegt, nach historischem Vorbild restauriert und die Bogenöffnungen durch eine Stahl-Glas-Konstruktion ausgeformt. So wirkt auch der hintere Teil des Hardenbergplatzes großzügiger. Die »Zoo-Terrassen« werden neu verglast und ihre Profile verstärkt, um die Panoramafenster dem heute wärmetechnisch erforderlichen Standard anzupassen. Dazu gehören außerdem Sonnenschutzelemente in Metall-Glas-Konstruktion, die an der Fassade angebracht werden. Am Nordende der »Zoo-Terrassen« ist ein neuer U-Bahn-Ausgang vorgesehen, der das Umsteigen in die vielen Buslinien erleichtert, die auf dem Hardenbergplatz ihre Haltestellen haben.
Der Ausbau weiterer Vermarktungsflächen im Gebäude ergänzt das im Bereich der Eingangshalle bereits vorhandene Dienstleistungs- und Einzelhandelsangebot auf etwa 45 Ladeneinheiten. Die Verbindung zwischen Hardenbergplatz und Jebensstraße bildet dann eine Passage mit einem vielfältigen Warenangebot. Eine zweite Ladenpassage entsteht auf der Zwischenebene, wo sich die »Zoo-Terrassen« befinden. Deren Fläche von 850 Quadratmetern wird entkernt und völlig neu gestaltet, um später die *DB-Lounge* aufzunehmen. Dieser neuartige Aufenthaltsbereich knüpft an die alte Tradition der Wartesäle an, hält aber unterschiedliche Möglichkeiten des Zeitvertreibs bereit. Entsprechend der jeweiligen Bedürfnisse von Reisenden gliedert sich die *Lounge* in Ruhezone, Bar, Kinderspielecke und Arbeitsbereiche. Gleichzeitig bewirkt eine neue Verbindung zwischen Haupthalle und östlichem Bahnsteigabgang eine Entlastung des Bahnsteigzugangs über die Zwischenebene, so daß die Ströme der Reisenden gleichmäßiger aufgeteilt werden können. Der Bahnhof wird dadurch übersichtlicher und die Orientierung für die Reisenden einfacher. Unter diesem Gesichtspunkt ändern sich auch die Wegeströme im Mittelbereich, was wiederum eine Verlagerung des *Service-Counters* in der Fernbahnhalle zur Folge hat. Das Leit- und Orientierungssystem wird bis auf den Bahnhofsvorplatz ausgedehnt, wo dann stumme Diener erste Reiseinformationen bereithalten.
Weiterhin erstreckt sich die Baumaßnahme auch auf den südlichen Teil der Verkehrsanlage zwischen Hardenbergstraße und Kantstraße, der Aufständerung der Fern- und S-Bahn. Dieser Bereich wird

oben: Bahnhofsfassade Hardenbergplatz Nordende, 1936

unten: Neue Bahnsteighalle, 1936

derzeit großflächig von einem SB-Markt genutzt. Vorgesehen ist, ihn stärker zu arrondieren und um die S-Bahnhalle kleine Läden zu gruppieren. Außerdem wird dort die Fassade instand gesetzt.
In der Entwurfsarbeit der AS Architektensocietät nehmen neue, sinnvolle Anordnungen der einzelnen Funktionen breiten Raum ein. Verkürzt kann man sagen, daß sich Nutzungen mit direktem Bezug auf die Reisenden auf das Erdgeschoß und die »Zoo-Terrassen« konzentrieren, während kommerzielle und andere Nutzungen zum Hardenbergplatz bzw. zur Hardenbergstraße hin orientiert sind. Die erforderlichen Büroräume befinden sich in der Jebensstraße, ebenso Andienung und Entsorgung. Die Technikräume bleiben im Bahnhofsinneren, teilweise auf Zwischenebenen, wo eine moderne 3-S-Zentrale eingerichtet wird, die Mitarbeitern ermöglicht, durch im Bahnhof installierte Kameras ständig Überblick über das Geschehen im Bahnhof zu behalten. Von dort aus können die für Service, Sicherheit und Sauberkeit zuständigen Teams bedarfsgerecht eingesetzt werden.
Mit den zusätzlichen Funktionen im Fernverkehr seit Mai 1998 halten gleichzeitig auch die Regionalexpresslinien 1–5 dort. Dies bedeutet für den fortschreitenden Ausbau des Regionalverkehrs, daß dann nicht weniger als 110 Bahnhöfe in Brandenburg direkt mit dem Bahnhof Zoologischer Garten und damit der Berliner City verbunden sind.

Nicht vorgestellt werden die letzten drei Bahnhöfe der Berliner Stadtbahn, da dort keine oder nur geringfügige Veränderungen vorgesehen sind. Die Gegend um den Bahnhof Savignyplatz ist schon seit langem von urbanem Leben erfüllt, und seine Stadtbahnviadukte beherbergen unterschiedlichste Nutzungen. Obgleich der Bahnhof selbst zu den ganz einfachen Verkehrsstationen gehört, lädt die in den 80er Jahren erfolgte Ausgestaltung durch den Aktionskünstler Ben Wargin zum Besuch ein.
Nach derzeitigem Planungsstand wird der Bahnhof Charlottenburg zwar eine unterirdische Anbindung an den U-Bahnhof Wilmersdorf erhalten, Genaueres dazu ist jedoch noch nicht bekannt.
Der Bahnhof Westkreuz bleibt bis auf weiteres ein kleiner, völlig unspektakulärer Umsteigebahnhof und ist damit das genaue Gegenteil seines östlichen Pendants. (s. Kapitel »Treffpunkte«, S. 84 ff)

Wie bei allen radikalen Veränderungen lauert im Bestreben, das häßliche Schmuddelimage loszuwerden, die Gefahr, daß z. B. das Fernhalten jeglichen »Gesindels« übertrieben wird und in der Folge nahezu aseptische Räume entstehen. Als einen Akt der sozialen Verantwortung bezeichnet die Deutsche Bahn AG in diesem Zusammenhang ihre Zusage, die Bahnhöfe zumindest in den Wintermonaten für Obdachlose offen zu halten.

ICE abfahrbereit in der Bahnsteighalle Zoologischer Garten

Umgestaltung der Fassade
zum Hardenbergplatz

Empfangshalle
nach erster Umbauphase

Verschiedene ICE-Generationen
im Bahnhof Zoologischer Garten

Nachtaufnahme vom Bahnhof
Zoologischer Garten; im Hinter-
grund zu erkennen sind die
Kaiser-Wilhelm-Gedächtnis-
Kirche und das Europacenter

VIER NEUE FERNBAHNHÖFE

SPANDAU

Lage: Berlin-Spandau
Verkehrsanbindung:
Fernbahn, Transrapid, Regionalbahn, S5, S75, U7 (Rathaus Spandau), zahlreiche Buslinien
Bauherr: Deutsche Bahn AG
Architekt: gmp von Gerkan, Marg und Partner, Hamburg
Meinhard von Gerkan (Entwurf)
Statiker: Schlaich, Bergermann + Partner, Stuttgart
Bauzeit: 1995 bis 1998

Wahrscheinlich Ende 1998 wird nach fast vierjähriger Bauzeit der erste Neubau fertiggestellt. Im Westen Berlins, in der Spandauer Innenstadt gelegen, erwächst diesem neuen Fern-, Regional- und S-Bahnhof große Bedeutung. Vollständig erneuert wurde dazu eine 430 Meter lange Strecke mit sieben Gleisen, die sich auf zwei Fernbahnsteige und einen S-Bahnsteig verteilen. Wer in Spandau oder den angrenzenden Bezirken einschließlich des Berliner Umlands wohnt, kann von dort aus bequem nach Hannover, Hamburg, Lehrte oder Werneuchen reisen. Somit bildet der Bahnhof Spandau nicht nur einen wichtigen Bestandteil der aufzubauenden Schnellbahnverbindungen, sondern ist auch ein Beispiel für die dezentrale Komponente des Pilzkonzepts. Außerdem wird der Bahnhof sich im Idealfall, neben seinen verkehrstechnischen Vorteilen, auch positiv auf die Entwicklung der historischen Altstadt Spandaus auswirken. Ein erster Impuls dazu geht sicherlich von der ansprechenden Architektur des Bahnhofs aus, die die Hamburger Architekten von Gerkan, Marg und Partner in Zusammenarbeit mit dem Stuttgarter Ingenieurbüro Schlaich, Bergermann + Partner entworfen haben.

Die in Hochlage geführten Gleise und Bahnsteige werden über zwei Zugangsbauwerke erschlossen. An der Klosterstraße betritt man einen parallel zur Seegefelder Straße stehenden Baukörper, der die zentrale Bahnhofshalle aufnimmt. Da sie sich ebenerdig unter den Gleisanlagen befindet, folgen ihre Abmessungen den dadurch vorgegebenen Höhen und Breiten. So entsteht eine passagenartige 63 Meter lange und 16 Meter breite Bahnhofshalle. Die darüber nebeneinander angeordneten Bahnsteige erreicht man am östlichen Ende über eine feste Treppenanlage oder mit Hilfe von Fahrtreppen an der Westseite der Halle. Eine behindertengerechte Aufzugsanlage zu den einzelnen Bahnsteigen befindet sich in Hallenmitte. Die Verbindung zur U-Bahn erfolgt extern, jedoch mit einer schützenden Überdachung ab Bahnhofshalle. Die zweite, von der Haupthalle getrennte Erschließung der Bahnsteige ist über eine Fußgängerpassage in Höhe der Wilhelmshavener Straße möglich.

Dominierendes Gestaltungsmittel dieser Erschließungsbereiche ist eine gewellte, mit Metalltafeln verkleidete Deckenstruktur, die auf Betonstützen ruht. Zwischen den oberen und den unteren Scheitelpunkten der Wellen liegt jeweils ein Höhenunterschied von 1,40 Metern, bei einem Achsabstand der Wellentäler von neun Metern. Darüber hinaus dient diese wohlproportionierte Wellenstruktur der Beleuchtung. So werden die Wellenberge direkt angestrahlt, während in die Täler nach unten gerichtete Lichtstreifen integriert sind. Selbst der Fußbodenbelag nimmt den Rhythmus der Deckengestaltung auf und markiert die Wellentäler mit in den Granitstein eingelegten farblichen Nuancierungen. Nahezu alle Wandflächen sind als Werbeträger vorgesehen und mit Diorama-Kästen ausgebildet.

Besonders hervorzuheben ist jedoch die Glasdachkonstruktion über den Gleisanlagen auf der Ebene +1, die in Fachkreisen als eine »zeitgenössische Interpretation klassischer Bahnhofsüberdachungen« bezeichnet wird.

Genutzt wird hier das Konstruktionsmuster eines Tonnenschalendaches, das sein Tragverhalten aus dem Zusammenwirken von Bögen, Längsträgern

und Diagonalseiten entwickelt. So werden die Gleise in Abständen von jeweils 18 Metern von bogenförmigen Hauptträgern überwölbt, die von Bahnsteigmitte zu Bahnsteigmitte reichen. In Längsrichtung, also in Fahrtrichtung, sind sie durch Stahlträger miteinander verbunden. Die auf diese Weise entstehenden Bogenfelder füllt eine überaus filigrane Gitterstruktur aus Stahlwandprofilen mit diagonaler Seilverspannung. Wichtig ist dabei, daß die Maschen des Netzes dreieckig sind, denn nur dann kann eine flächige Schalenwirkung erreicht werden, die wiederum erlaubt, die Stützen in großem Abstand voneinander aufzustellen. Geschlossen werden die Flächen mit Drahtrohglas, so daß ein Witterungsschutz besteht, aber gleichzeitig viel Tageslicht auf die Bahnsteige fällt.

Um ein möglichst einheitliches Gesamtbild zu erzielen, werden alle auf Bahnsteigen erforderlichen Einrichtungen wie Sitzbänke, Hinweistafeln oder Uhren in die Stahlkonstruktion einbezogen. Objekthaft und freistehend sind dagegen die gläsernen Baukörper konzipiert, die als Dienst- und Warteräume dienen und gleichermaßen unter das Dach gehören.

Neben der aus dem Stadtbild herausgehobenen, filigranen und im Sonnenlicht reflektierenden Dachkonstruktion fallen bei Annäherung an das Gebäude die Vordächer auf, die in die angrenzenden Platz- und Straßenräume hineinragen. Auch sie nehmen das Motiv der Wellenstruktur wieder auf. Außerdem wird sich die wellenförmige Dachlinie an dem angrenzenden Einkaufs- und Freizeitzentrum weiter fortsetzen, das auf dem Gelände des ehemaligen Güterbahnhofs an der Klosterstraße errichtet werden soll.

Mit dessen Bau hofft die Deutsche Bahn AG Ende 1998 beginnen zu können. Dieses Vorhaben mußte in den vergangenen drei Jahren aufgrund von Einwänden verschiedener Interessengruppen, die sowohl städtebauliche als auch wirtschaftliche Gesichtspunkte zu wenig berücksichtigt fanden, mehrfach überarbeitet und letztlich verschoben werden.

oben: Erschließung der Bahnsteige über eine Fußgängerpassage
Foto: H. Leiska

links: wellenförmige Dachaufsicht
Foto: H. Leiska

Modell Bahnsteige
mit Stahl-Glas-Dach

Haupteingang
in die Bahnhofshalle

Dachkonstruktion
im Bau

Bahnsteig mit einfahrendem ICE
Foto: A. Muhs

GESUNDBRUNNEN

Lage: Berlin-Wedding
Verkehrsanbindung: Fernbahn, Regionalbahn, S1, S2, S25, U8, Busse
Bauherr: Deutsche Bahn AG
Architekt: Ingrid Hentschel + Axel Oestreich, Berlin
Statiker: PBI Planungsgemeinschaft Berliner Innenring
Bauzeit: 1996 bis 2002

Zu einem Drehkreuz des Berliner Nordens soll sich bis zur Jahrtausendwende der Bahnhof Gesundbrunnen entwickeln. Dieser Anspruch erwächst zum einen aus dem Wiederaufbau des nördlichen Innenrings, der die Grunderneuerung aller S-Bahnhöfe von Jungfernheide bis Schönhauser Allee vorsieht. Zum anderen spielt Gesundbrunnen eine wichtige Rolle bei den Planungen für das Projekt Nordkreuz. Gegenwärtig nur als Großbaustelle sichtbar, soll es in Zukunft täglich rund 400 Fern-, Regional- und Güterzüge aufnehmen. Dazu müssen die erforderlichen Gleisstrecken weitgehend kreuzungsfrei gebaut werden, um Engpässe zu verhindern. Im Rahmen dieser Baumaßnahme sind sowohl zahlreiche Kreuzungs- und Brückenbauten geplant als auch tunnelartige Bauwerke, in denen Fern-, Regional- und S-Bahnzüge auf teilweise bis zu drei Ebenen übereinander fahren können.
Für all jene Züge ausgebaut, wird Gesundbrunnen dann zu einem wichtigen Umsteigebahnhof in Richtung Rostock, Stralsund, Saßnitz und Skandinavien.
Am 10. Juli 1877 wurde der Ringbahnsteig im Bahnhof Gesundbrunnen eingeweiht und war damit eine weitere Haltestation im Personenverkehr auf der östlichen Ringbahn von Moabit über Gesundbrunnen und das heutige Ostkreuz bis Schöneberg. Kurz zuvor hatte man die Fernbahnstrecke von Schönholz nach Stralsund, die sogenannte »Nordbahn«, in Betrieb genommen, was die Einbindung eines Ringbahnhofs erforderlich machte. So wurde Gesundbrunnen zum Eisenbahnknotenpunkt, was seinen Umbau in den Jahren 1890 bis 1897 nach sich zog. Die in diesem Zeitraum entstandene Architektur blieb bis nach dem Zweiten Weltkrieg unverändert bestehen. Im Mai 1952 jedoch wurde der Fernbahnhof von der Deutschen Reichsbahn geschlossen und dann, nach dem Mauerbau 1961, der S-Bahnverkehr Richtung Osten unterbrochen. Nach dem großen Eisenbahnerstreik 1980, der die Einstellung des gesamten S-Bahnverkehrs auf dem Berliner Innenring zur Folge hatte, hielt an der Station Gesundbrunnen nur noch die den Innenring kreuzende S2 Frohnau – Lichtenrade.
1991 schließlich lobte die Senatsverwaltung für Stadtentwicklung und Umweltschutz einen bundesweiten Wettbewerb zur Neugestaltung des Bahnhofs Gesundbrunnen aus. Die Aufgabenstellung beinhaltete sowohl die Erweiterung der Bahnanlagen und die Schaffung neuer Eingangsbereiche als auch die städtebauliche Aufwertung der angrenzenden Flächen im Bezirk Wedding.
Die Gewinner des Ersten Preises, die Berliner Architekten Ingrid Hentschel und Axel Oestreich, arbeiten seither an Plänen und Entwürfen zur schrittweisen Veränderung dieses Stadtgebiets.
Während zahlreiche Neuplanungen und Überarbeitungen dieser Entwürfe den Realisierungsprozeß verlangsamen, konnte im September 1997 nördlich der Bahntrasse, an der Behmstraße, das Gesundbrunnen-Center eröffnet werden. In dem Einkaufscenter, das die ECE Entwicklungsgesellschaft errichten ließ, befinden sich auf rund 25.000 Quadratmetern Verkaufsfläche 107 Läden.
Die Rückgewinnung des Gesundbrunnens als Fern- und Regionalbahnhof erfordert umfangreiche Aus- bau- und Modernisierungsmaßnahmen. Zuletzt ein schlichter S-Bahnhof mit zwei Bahnsteigen, kommen nun zwei Fernbahnsteige und ein Regional-

Luftaufnahme
Gleisbauarbeiten Nordkreuz

bahnsteig mit jeweils zwei Gleisen pro Bahnsteig hinzu, so daß nach Abschluß der Arbeiten selbst ICE-Züge in Gesundbrunnen halten können. Gleichzeitig werden die vorhandenen Anlagen grundlegend erneuert. Mit der Fertigstellung eines neuen S-Bahnsteigs im Februar 1998 und der gleichzeitigen Eröffnung eines direkten Zugangs zum denkmalgeschützten U-Bahnhof durch einen Fußgängertunnel ist bereits eine merkliche Verbesserung für die Fahrgäste eingetreten, da dies das Umsteigen zwischen den Linien S 1, S 2, S 25 und der U 8 erleichtert.

Da es den Architekten Hentschel und Oestreich vorrangig darum geht, eine optimale Verknüpfung der Verkehrsströme sowie übersichtliche Räume mit hoher Aufenthaltsqualität zu schaffen, greifen sie in ihrem Entwurf auf den Bautypus eines Kopfbahnhofs zurück. Damit soll erreicht werden, daß der Durchgangsbahnhof Gesundbrunnen schließlich so übersichtlich wirkt wie ein Kopfbahnhof. Dieser Vorzug ergibt sich aus der Querstellung des Baukörpers zu den Bahnsteigen, was in der Vergangenheit wegen der zwangsläufigen verkehrs- und betriebstechnischen Nachteile zur Abschaffung dieses Bahnhofstyps führte. Wird das Empfangsgebäude jedoch wie hier auf einem Brückenbauwerk über dem Bahngraben errichtet, können die Züge darunter problemlos im Durchgangsverkehr fahren. Die gläserne Verbindungshalle, der straßenseitig ein Massivbau aus rot-buntem Steinmaterial vorgelagert ist, ermöglicht einen freien Blick auf alle Bahnsteige, so daß sich Reisende bis unmittelbar vor dem Eintreffen ihres Zuges in der Halle aufhalten können, zumal von dort aus Aufzüge und Treppenanlagen direkt auf die Bahnsteige führen.

Da im Gegensatz zu den anderen Fernbahnhöfen die Bahnsteige hier nur mit einfachen, offenen Dächern versehen sind, so daß sie lediglich einen Wetterschutz darstellen, erhält die großzügige und qualitativ hochwertige Gestaltung der Verkehrsflächen im Innenraum besondere Bedeutung. Sie gliedern sich in eine Eingangs- und eine Verbindungshalle, die eine einheitliche, durchgehende Dach-

Vogelperspektive, Blick von der Swinemünder Brücke

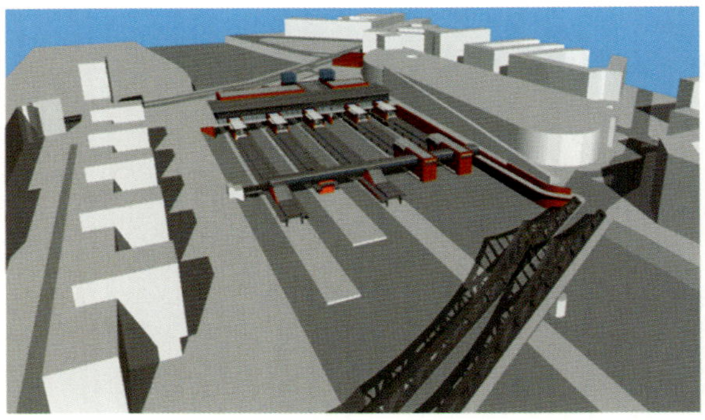

Ansicht von Norden

Untere Bahnsteigebene

konstruktion überspannt. Diese lastet in der Verbindungshalle auf paar- und gruppenweise angeordneten schlanken Stahlstützen und wird im Eingangsbereich von einem Sprengwerk aus Stahlstreben gehalten. Die Aussteifung des Daches erfolgt über die beiden vorgezogenen Gebäudeköpfe des Massivbaus. Dieser weist nur in der Erdgeschoßzone, an den Seiten zur Eingangs- und zur Verbindungshalle, Verglasungen auf, um dort einen Sichtbezug zum *ReiseZentrum* und den übrigen DB-Serviceflächen herzustellen. Die fensterlosen Seiten bleiben dennoch nicht schmucklos, weil aufgesetzte Glaskuben, die als hinterleuchtete »Medienwürfel« Informationen und Werbung projizieren, für Auflockerung sorgen. Darüber hinaus erhöht diese Gestaltung die physische Präsenz des Bahnhofsgebäudes im Stadtraum, denn schließlich muß es sich gegenüber dem dominanten Gesundbrunnen-Center behaupten. Es fällt auf, daß der Haupteingang mit seinem kleinen Vorplatz an der Badstraße nicht in der Mitte des Gebäudes, sondern in dessen nördlicher Hälfte liegt. Diese Verlagerung spiegelt die Orientierung an den Hauptverkehrsströmen wider, die an den nördlich gelegenen S-Bahnsteigen zu erwarten sind. Aus der Stadtmitte kommende Reisende finden ihren Eingang an der Südseite der Verbindungshalle.

Beim Betreten des »Haupteingangs mit Durchblick« tut sich sogleich eine schöne Kulisse auf, denn die fast 100 Jahre alte Swinemünder Brücke im Hintergrund lenkt mit ihrer geschwungenen Stahlkonstruktion die Blicke auf sich. Auf diese Weise gelingt es den Architekten, sogleich einen Eindruck von Weite, Transparenz und Übersichtlichkeit zu vermitteln. Nach Abschluß aller Arbeiten rechnet man mit ca. 60.000 Fahrgästen täglich.

Längsschnitt durch die Bahnsteigebenen

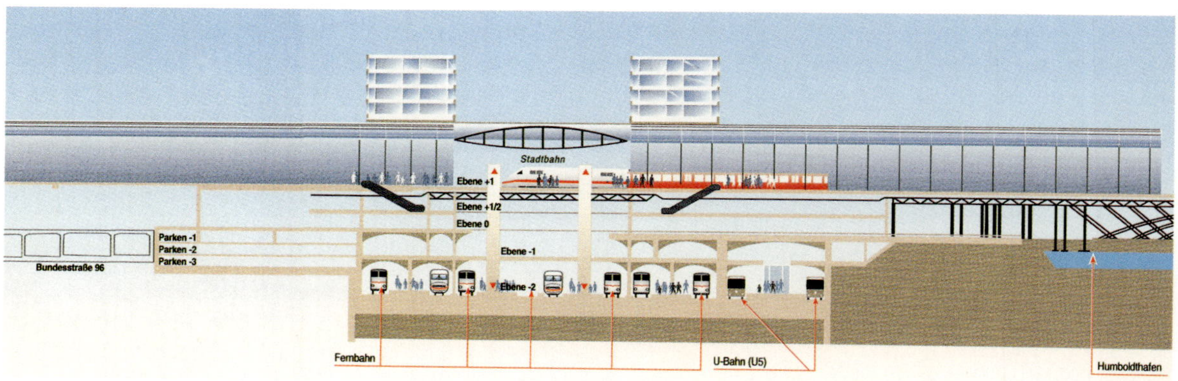

oben: Haupteingang

unten: Blick in die Halle nach Süden

LEHRTER BAHNHOF

Lage: zwischen Regierungsviertel und Alt-Moabit, Bezirk Tiergarten
Verkehrsanbindung: Fern- und Regionalbahn, Flughafenexpress, Transrapid, S3, S5, S6, U5, Busse und Straßenbahnen
Bauherr: Deutsche Bahn AG
Architekt: gmp von Gerkan, Marg und Partner, Hamburg (Projektpartner: Jürgen Hillmer)
Bauzeit: 1996 bis 2003

In der Mitte Berlins, unweit des neuen Regierungsviertels im Spreebogen, entsteht unter den Fernbahnhöfen ein neuer Lehrter Bahnhof, der einen Verkehrsknotenpunkt erster Qualität bieten wird.
Im Gegensatz zu den anderen Berliner Bahnhofsprojekten, die einen möglichst engen städtebaulichen Kontext herzustellen suchen, liegt der neue zentrale Bahnhof solitär – einem riesigen gläsernen Flugobjekt nicht unähnlich – auf einem 4,40 Meter hohen Treppensockel im offenen Raum zwischen der Invalidenstraße und der Spree bzw. dem Humboldthafen. 1996 haben die Erdaushub- und Tunnelarbeiten für diesen Bahnhof begonnen, der innerhalb des Pilzkonzepts das Mittelstück und damit den zentralen Bereich bildet. Dies bedeutet zugleich, daß er eine Verankerung für den Stiel des Pilzes, der im Bau befindlichen Nord-Süd-Trasse, bildet. Deren Kern wiederum ist ein aus vier Röhren bestehender 3,5 Kilometer langer Tunnel, der nördlich des Lehrter Bahnhofs beginnt, unter der Spree hindurchführt und den Tiergarten bis südlich des Landwehrkanals unterquert. Von Gleisdreieck bis Bahnhof Papestraße und weiter bis zum Prellerweg verläuft die Strecke dann wieder überirdisch.
Wenn keine unvorhersehbaren Verzögerungen eintreten, werden ab dem Jahr 2003 Fern- und Regionalbahnreisende die Stadt auf schnellstem Wege in Nord-Süd-Richtung durchqueren und dabei Umsteigemöglichkeiten am Lehrter Bahnhof, Potsdamer Platz und Papestraße (Südbahnhof) wahrnehmen können. Täglich werden nach Einschätzung von Verkehrsexperten 240.000 Reisende allein am Berliner Lehrter Bahnhof aus-, ein- oder umsteigen.

Mit dem neuen Lehrter Bahnhof kehrt ein dominantes Bauwerk dorthin zurück, wo einst der alte Lehrter Bahnhof beeindruckte.
Dieser wurde zwischen 1869 und 1871 nach Entwürfen von Lent, Scholz und Lapierre errichtet und ließ in seinem Erscheinungsbild eher eine französische Architekturauffassung erkennen als die in Berlin verbreitete Schinkel-Schule. In der Materialwahl näherte man sich zwar der preußischen Tradition wieder an, betrieb jedoch größeren Luxus. Denn während die meisten Berliner Bahnhöfe sichtbaren Ziegelbau zeigten und Formstücke oder Werksteine nur zur Zierde eingearbeitet wurden, bestand der Lehrter Bahnhof vollständig aus verputzten Ziegelformsteinen.
Die nach Abfahrt und Ankunft getrennten Bahnsteige befanden sich in einer 188 Meter langen Halle, die von einem geschlossenen Wellblechdach überwölbt wurde. Tageslicht fiel durch halbkreisförmige Fenster hinein, die auf beiden Seiten über die gesamte Hallenlänge angeordnet waren. Auch 1932 sah die Halle noch so aus, als man dort eine technische Neuheit feierte: einen Diesel-Schnelltriebwagen, »Fliegender Hamburger« genannt, der auf dem Lehrter Bahnhof eintraf, nachdem er die Strecke zwischen Hamburg und Berlin erstmals in 2:20 Stunden zurückgelegt hatte. Dieses Schienenfahrzeug erreichte damals bereits eine Geschwindigkeit von 160 km/h.
Nachdem der Lehrter Bahnhof lange sein ursprüngliches Aussehen bewahrt hatte, wies er am Ende des Zweiten Weltkriegs doch erhebliche Schäden auf. Ob der vollständige Abriß, wie er bis 1959 betrieben wurde, wirklich nötig war, darüber gehen die An-

Stadtlandschaft mit Zentralbahnhof
Zeichnung: H. Jacoby, 1997

sichten der Fachleute bis heute auseinander. Vermutlich spielte neben sicherheitstechnischen Gründen die Gewinnung von Baumaterial eine Rolle. Für den neuen Bahnhof, wie ihn von Gerkan, Marg und Partner planen, hätte man davon sicher nichts verwenden können, denn dieser präsentiert sich rund 130 Jahre später in einem gänzlich anderen Licht.

Mit der Entwurfsplanung für den Lehrter Bahnhof gilt es, ein Leitbild für den »Bahnhof der Zukunft« zu entwickeln. Bestimmender Faktor darin ist für die Hamburger Architekten die »Milieuqualität«. Sie setzt sich zusammen aus mehreren Behaglichkeitswerten, die sich entscheidend auf das Wohlbefinden des Reisenden auswirken: Wärme, Kälte, Nachhall, Luftbewegung, Helligkeit und Milieu. Sieht man einmal davon ab, daß solche Werte individuell unterschiedlich empfunden werden, läßt sich dennoch anhand von langjährigen Studien formulieren, daß die Milieuqualität desto besser ist, je natürlicher die Bedingungen sind. Daraus läßt sich umgekehrt schließen, daß fensterlose Räume, Klimaanlagen und ähnliches in Zukunft ausgedient haben.

Und so strahlt die großdimensionierte Stahl-Glas-Konstruktion, deren vorrangiges Ziel es zu sein scheint, einen maximalen Einfall von Tageslicht zu ermöglichen, vor allem Helligkeit und große Transparenz aus. Dennoch ist das Bauwerk ganz Verkehrsstation, was sich in der Anordnung der Baukörper zeigt und dabei die Funktion als Kreuzungsbahnhof erkennen läßt: Die 15 Meter unter der Erde geführte Nord-Süd-Trasse kreuzt die in zehn Metern Höhe auf dem Stadtbahnviadukt gelegene Ost-West-Strecke. Diese Situation abbildend, durchstößt eine 430 Meter lange, Ost-West-gerichtete Bahnsteighalle, in ihrer gesamten Länge von einer flachbogigen Glashalle überdeckt, zwei 42 Meter hohe und 70 Meter breite Gebäudescheiben. Sie markieren im Raum oberhalb die Lage und Ausrichtung der unterirdischen Nord-Süd-Trasse.

Zwischen diesen brückenartigen Gebäuden, die die unterschiedlichsten Nutzungen aufnehmen können, befindet sich die 170 Meter lange und 50 Meter breite lichtdurchflutete Bahnhofshalle, in der man außer den DB-Serviceeinrichtungen ein vielfältiges Angebot an Waren und Gastronomie findet. Ein fi-

Luftaufnahme Großbaustelle
Lehrter Bahnhof mit
altem Lehrter Stadtbahnhof
Foto: R. Quabbe

ligranes Glasdach, das ebenso wie das der Bahnsteighalle ein Gitterschalennetz ausbildet, überspannt auch die Bahnhofshalle. Es besteht aus fast quadratischen 1,2 mal 1,2 Meter messenden Netzmaschen. Für die nötige Aussteifung sorgen in einem Abstand von 20 bis 30 Metern angeordnete Rahmen, die in vorgefertigte Seilbinder aufgelöst sind, um die Transparenz der Halle nicht zu beeinträchtigen.

Kritiker befürchten aufgrund der verschwenderischen Verwendung von Glas eine Überhitzung der Hallen, was nicht zu erwarten ist, da auch für sogenannte »Hundstage« mit natürlichen Mitteln Vorsorge getroffen wird. Um die Ventilation zu erhöhen, lassen sich an den Giebeln, im Zenit sowie an den Fußpunkten der Halle und zwischen den Bahnsteigen große Flächen öffnen. Außerdem diskutiert man die sparsame Anbringung eines Beschattungssystems.

Die Architekten von Gerkan, Marg und Partner halten daran fest, möglichst viel Tageslicht in das Gebäude zu bringen und verfolgen diese Zielsetzung mittels eines Kunstgriffs bis in den Tunnel hinein. Große Öffnungen im Boden der Bahnhofshalle nehmen dazu das Licht auf und leiten es weiter auf die Bahnsteige im Tunnel. Logischerweise sind die Helligkeitswerte dort geringer, sie reichen jedoch aus, um eine gute Orientierung zu gewährleisten. Zudem entsteht eine angenehmere Atmosphäre als bei Kunstlicht, was in einer nach oben geschlossenen Röhre nur positive Auswirkungen auf das Wohlbefinden der Menschen hat.

Über eine Verteilerebene zwischen den beiden Trassen wird es den Reisenden leichtgemacht, die vielen verschiedenen Bahnsteige zu erreichen. Das innere Erschließungssystem aus Rolltreppen, Rollsteigen und Aufzügen bietet Möglichkeiten, wie man sie von modernen Flughäfen kennt. Selbst mit schwerem Gepäck läßt sich die Entfernung zwischen Bahnhofshalle und Bahnsteig problemlos meistern.

Ebene – 2:
– Nord-Süd-Trasse der Fern- und Regionalbahn
– Nord-Süd-Flughafenexpress
– U-Bahn-Linie U 5

Ebene – 1:
– Fußgängerebene
– Bahnhofshalle
– Bahntechnische Anlagen
– Bahnbetriebliche und Dienstleistungsanlagen
– Tiefgarage mit 950 Pkw-Stellplätzen

Ebene – 0
– Straßenbahnen, Busse, Taxen, bahnbetriebliche und Dienstleistungsanlagen

Ebene + 1/2
– Fußgängerebene

Ebene + 1
– Stadtbahntrasse für die S-Bahn-Linien S 3, S 5, S 9
– Ost-West-Verbindung für Fern- und Regionalverkehr, Transrapid

Der Besuch dieses Bauwerks lohnt sicher auch dann, wenn man sich immer noch nicht zu einer Bahnreise entschließen kann, denn bei aller Pracht der Konstruktion wird diese nie Selbstzweck; ebenso wie der intendierte repräsentative Charakter – schließlich handelt es sich um einen Bahnhof in unmittelbarer Nähe zum Regierungsviertel – nicht über weitere »Zutaten« entsteht, sondern allein durch die dem Bauwerk innewohnende Großzügigkeit und Qualität.

Bis zur Fertigstellung des Lehrter Bahnhofs wird sich auch das Umfeld städtebaulich entwickeln, so daß die Fahrgäste keineswegs im Niemandsland ankommen. Nach dem 1994 von Oswald Mathias Ungers & Partner entwickelten Grundkonzept soll die vorhandene stadträumliche Ordnung des Spreebogens fortgeschrieben und der Humboldthafen als attraktives Stadtquartier östlich des Bahnhofs ausgebaut werden. Die Realisierung gilt aber bislang als unsicher.

Beginn des Tiergartentunnels am Lehrter Bahnhof als Kreuzungspunkt mit der Stadtbahn in Richtung Bahnhof Papestraße über Potsdamer Platz

Blick in die Bahnhofshalle

Simulation: H. Jacoby

Räumlicher Aufbau
der fünf Verkehrsebenen

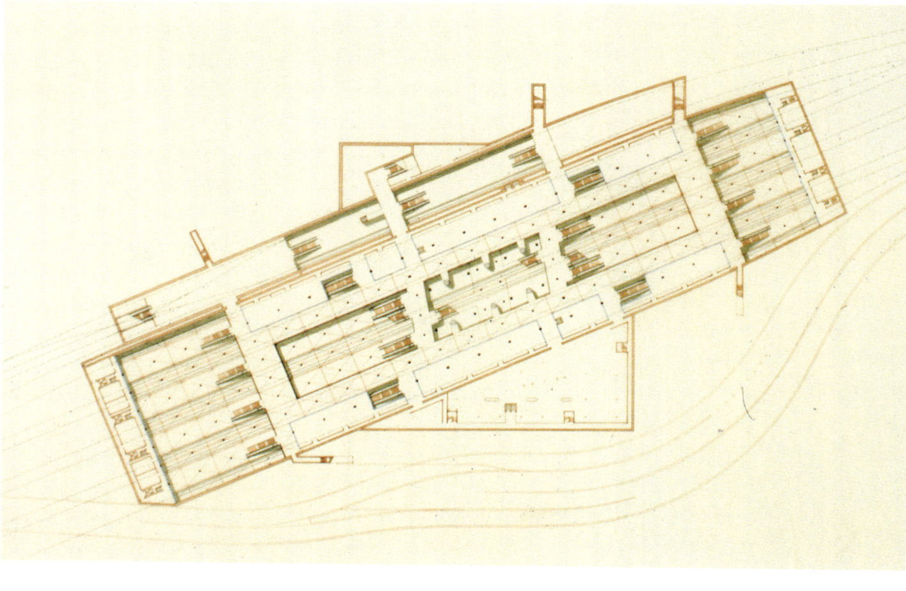

Blick in die lichtdurchflutete Bahnsteighalle
Foto: H. Leiska

Tragwerk des gläsernen Tonnenschalendaches

oben links:
Blick vom Humboldthafen
Foto: H. Leiska

unten links: Längsschnitt durch die Bahnhofshalle

PAPESTRASSE

Lage: Berlin-Schöneberg
Verkehrsanbindung: Fern- und Regionalverkehr, S2, S25, S4, S45, S46, Autobahnring
Bauherr: Deutsche Bahn AG
Architekt: J · S · K , Frankfurt/Berlin
Bauzeit: 1998 bis 2002

Große Bedeutung wird für die Pilzform die neu zu errichtende Verkehrsanlage Papestraße erreichen. Unter Einbeziehung des bestehenden S-Bahnhofs, für den Fern- und Regionalverkehr geplant, übernimmt Papestraße im Berliner Süden die Funktion eines Drehkreuzes. Von hier aus fahren die Züge in Richtung Dresden, Halle, Leipzig oder München, und wer aus diesen Richtungen kommt, erreicht in Berlin als erstes den Bahnhof Papestraße, den sogenannten »Südbahnhof« der Stadt. Da er die Schnittstelle zwischen der neuen Nord-Süd-Strecke – hier endet die Trasse durch den Zentralen Bereich – und dem südlichen Berliner S-Bahnring bildet, ergeben sich dort zahlreiche Umsteigemöglichkeiten: Mit der S-Bahn können die Reisenden rund um und quer durch Berlin fahren und dabei Regionalbahnhöfe wie Potsdamer Platz, Gesundbrunnen oder Ostkreuz direkt ansteuern. Nonstop weiter in das Zentrum der Stadt geht es mit der Fernbahn. Papestraße ist außerdem ein idealer Ausgangs- bzw. Umsteigepunkt für Fahrgäste, die zum geplanten Großflughafen Berlin Brandenburg International wollen.
Darüber hinaus nimmt er durch seine Lage unmittelbar am Autobahnring eine Sonderstellung unter allen Berliner Fernbahnhöfen ein. In den Planungen für die neue Verkehrsanlage wird dieser Tatsache Rechnung getragen, indem nördlich und südlich Parkhäuser in geringem Abstand zur Haupthalle angegliedert werden. Diese erreicht man im Norden über die General-Pape-Straße sowie über die L 487, die in diesem Zusammenhang gebaut wird. Auf der Naumannstraße im Süden erfolgt die Zufahrt über eine gewendelte Rampe, während geradlinig geführte Rampen das nördliche Parkhaus erschließen. Insgesamt entstehen fast 2.600 Langzeitparkplätze. Verfechter eines Entweder-Oder kritisieren die Einrichtung dieser Parkhäuser und halten einen »Autofahrer-Bahnhof« für widersinnig. Auf dem Weg zu einer Reduzierung des Individualverkehrs könnte dies ein falsches Signal sein.
Das Berliner Architekturbüro J · S · K hat an dieser Stelle ein interessantes Bauwerk entworfen, das sich in die Gebäudeteile Haupthalle, Eingangshalle West, Eingangshalle Ost, Bahnsteighalle, Fußgängerbrücke und die bereits erwähnten Parkhäuser gliedert. Der räumliche Aufbau erstreckt sich dabei über zwei Verkehrsebenen.

Auf der Ebene 0 befinden sich:
– Die eingeschossigen Eingangshallen mit den Serviceeinrichtungen der DB AG, die Betriebsräume sowie Zugangsanlagen zur Verteilerebene +1
– Die Fern- und Regionalbahnsteige der Nord-Süd-Verbindung
– Der Bahnsteig für die S-Bahnlinie S 2
Auf der Ebene +1 liegen:
– Der Bahnsteig für Ringbahnlinie S 4
– Die Hauptverteilerebene zwischen den Bahnsteigen untereinander
– Zwei Gütergleise, die an der südlichen Hallenlängsseite außen vorbeigeführt werden
Eine allseitig umschlossene Haupthalle mit einem wellenförmigen Dach erhebt sich über dem Ringbahnsteig der +1-Ebene. Die Halle ist 215 Meter lang, 49 Meter breit und mißt in der Höhe bis zum oberen Scheitelpunkt einer Welle ca. 18 Meter. Bis zum Scheitelpunkt eines Wellentals sind es 14 Me-

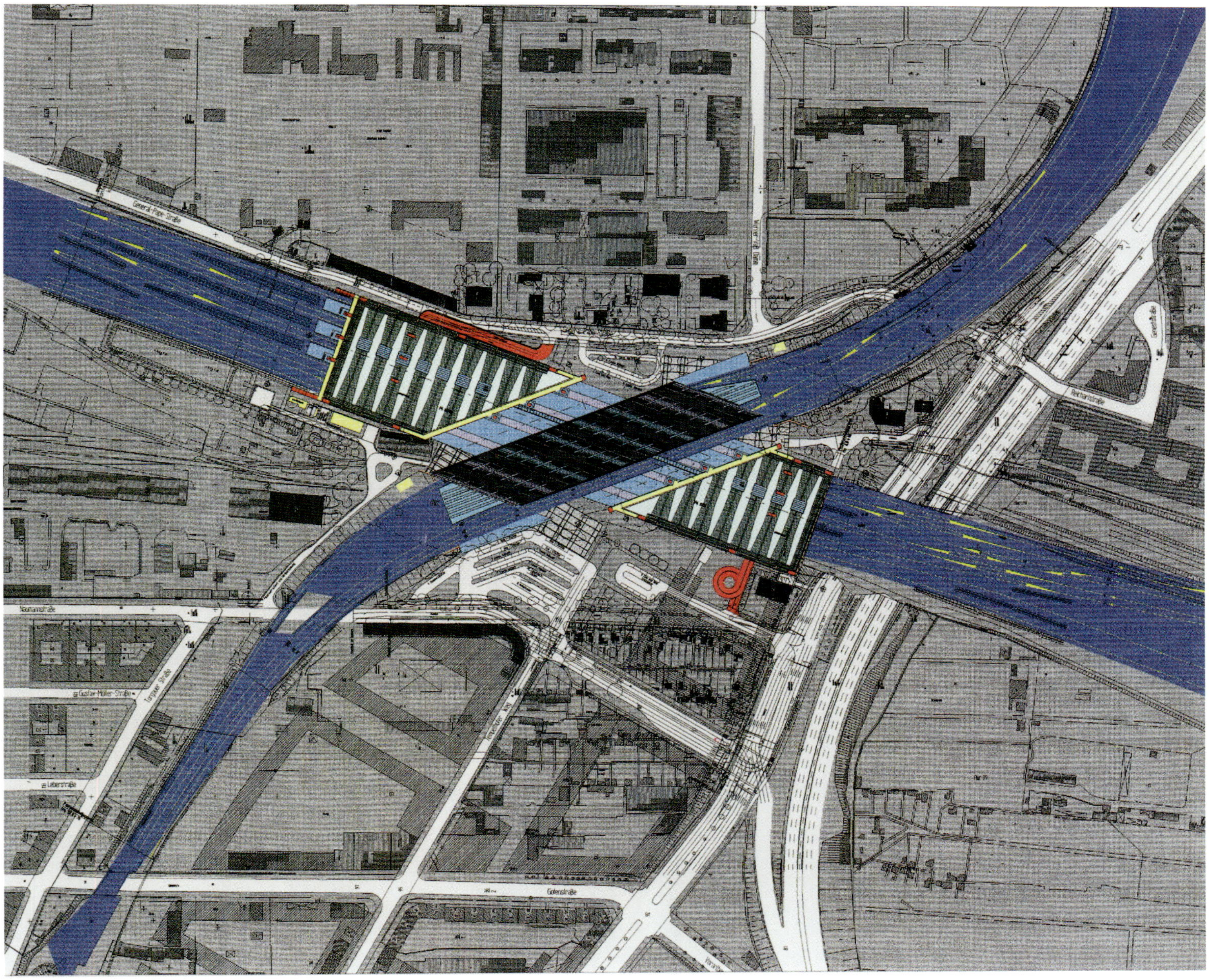

Lage- und Übersichtsplan

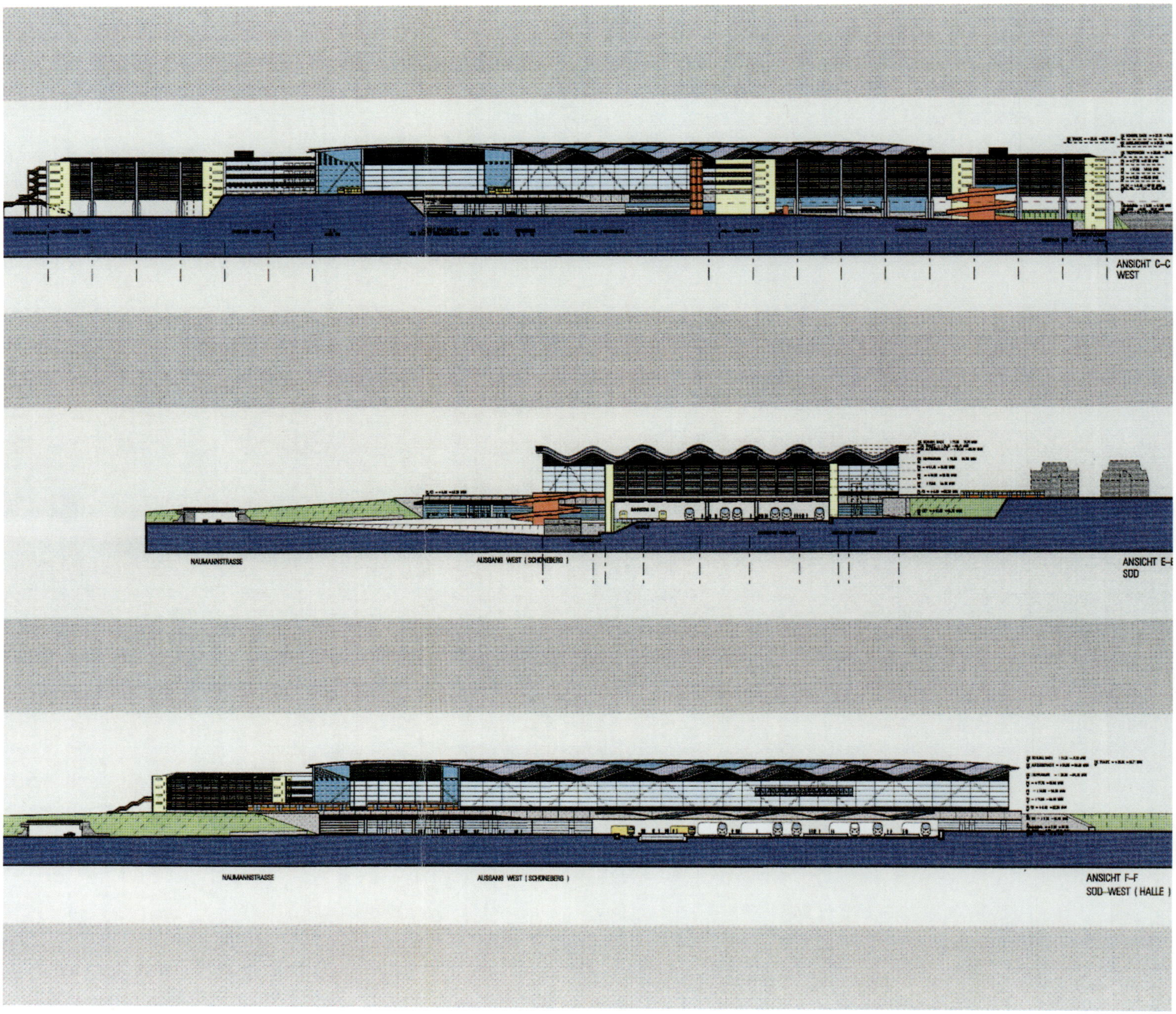

Schnitte, Ansichten

ter. Über Lufträume werden am westlichen bzw. östlichen Ende die Eingangshallen mit der Verteilerebene verbunden. Horizontal und vertikal verlaufende Fassadenträger bilden das konstruktive Gerüst für die vollständige Verglasung der Halle, deren gesamter Raum stützenfrei von einer wellenförmig ausgebildeten Stabwerkschale überspannt wird. Ein in Höhe der Gleisbrücken liegender Randbalken trägt die Dachlasten, die über im Fassadenbereich angeordnete scheibenartige Stützen dorthin »transportiert« werden. Der Randbalken liegt auf Rahmenkonstruktionen im Bahnsteigbereich, die letztlich alle Lasten, die des Daches, der Fassaden und auch der Gleisbrücken, tragen.

Eine überdachte, seitlich verglaste Fußgängerbrücke trifft in Höhe der Ebene 3 oberhalb der Fernbahnsteige auf die Haupthalle und schafft damit eine Verbindung zu den Parkhäusern.

Widerlagerbauwerke begrenzen die westlichen und östlichen Seiten der mit Flachdächern überdeckten Eingangshallen. Nach Norden bzw. Süden werden sie durch Stahl-Glas-Konstruktionen geschlossen, während sich jeweils zu den Fernbahngleisen hin kräftige Wandscheiben schützend aufrichten. Vom Schöneberger Platz aus betritt man die Eingangshalle West und gelangt von dort aus auf die Verteilerebene mit ihren Treppen und Aufzugsanlagen. In der Halle befinden sich die unterschiedlichen Serviceeinrichtungen der Deutschen Bahn AG sowie das Kundenzentrum der S-Bahn.

Die Eingangshalle Ost ist dem Tempelhofer Vorplatz zugewandt, verfügt aber über einen zweiten Eingang in der Suadicanistraße. Hier finden sich neben wenigen Servicebereichen hauptsächlich Betriebseinrichtungen der Bahn. Dennoch ist auch hier, wie auf der Schöneberger Seite, eine visuelle Verbindung der Funktionsbereiche über einen Luftraum gegeben. Sämtliche Ausbauten der Eingangshallen sind so konzipiert, daß sie aufgrund ihrer Flexibilität problemlos späteren Nutzungen und Erfordernissen angepaßt werden können.

Die Bahnsteighalle auf der Ebene 0 ist durch die unterschiedlichen Baukörper gegliedert, die sie überdecken. Die Stirnseiten zur Einfahrt der Züge wie auch die Längsseiten der Halle sind offen, so daß Wartende auf die Straßen der Umgebung blikken können.

Im Bereich der Kreuzungsbauwerke der Ringbahn und der S 4, dem mittleren Bahnsteigabschnitt, führen Treppen, Rolltreppen und Aufzüge nach oben. Dort ist die Bahnsteighalle am niedrigsten und wird von Rahmentragwerken aus Sichtbeton und Metallpaneelen oberhalb der Treppenläufe gestaltet. Die gesamte Trassenbreite nördlich und südlich der Kreuzungsbauwerke überspannen wellenförmig geschwungene Dächer, und über eine verglaste Mittelzone gelangt Tageslicht auf die untere Bahnsteigebene.

Nach seiner Fertigstellung wird der Bahnhof Papestraße nicht nur ein wichtiger Verkehrsknotenpunkt mit einem Fahrgastaufkommen von etwa 200.000 Personen am Tag sein, sondern zugleich der Mittelpunkt einer städtebaulichen Entwicklung, die für das Berliner Südkreuz vorgesehen ist.

folgende Doppelseite:

oben links: S-Bahnhalle mit verschiedenen Erschließungen

unten links: Eingangshalle des Fernbahnhofs, Planungsstand Januar 1998

oben rechts: Blick von der Fußgängerbrücke in die S-Bahnhalle

unten rechts: Vogelperspektive Anordnung der Baukörper, unten Fernbahn und Nord-Süd S-Bahn, darüber die gläserne S-Bahnhalle der Ringbahn

LOUNGE
Information
DB
SHOP
SHOP
SHOP

Gleis 9

TREFFPUNKTE

OSTKREUZ

Lage: Berlin- Lichtenberg/ Friedrichshain
Verkehrsanbindung: S3, S4, S5, S6, S7, S75, S8, S9, S10, Regionallinien
Bauherr: Deutsche Bahn AG
Architekt: J · S · K, Frankfurt/Berlin
Bauzeit: 1998 bis 1999

Am Ostkreuz treffen nicht nur Züge der Ringbahn mit den Radiallinien aufeinander, sondern auch sämtliche Negativ-Kriterien, die einen Bahnhof zu einem höchst unbeliebten Ort machen. Die gesamte Anlage sowie auch das Bahnhofsumfeld zeigen sich seit vielen Jahren in einem Zustand hochgradiger Verwahrlosung.
Begonnen hat der Verfallsprozeß schon vor etwa 30 Jahren, weil es der Deutschen Reichsbahn nicht gelungen ist, zumindest für die Wartung des Ostkreuzes Geld aufzubringen. Aufgrund der in den letzten Jahren sehr angespannten Berliner Haushaltslage kam es zu weiteren zeitlichen Verschiebungen dringender Arbeiten, was wiederum die dort so nötige städtebauliche Entwicklung behindert, denn durch das Schienenkreuz ergibt sich die schwierige Situation, daß der gesamte Stadtbereich auf der Grenze der Bezirke Lichtenberg und Friedrichshain in vier Quadranten zerfällt. Einen jeden gilt es mit Urbanität zu füllen und dabei gleichzeitig einen städtebaulichen Zusammenhang zu schaffen. Statt dessen blühen Budenkultur und vielfältige Formen von Kriminalität. Was noch von den Ein- und Aussteigenden am Tage nur als unwirtlich empfunden wird, verursacht ihnen bei Dunkelheit eine erhöhte Pulsfrequenz. Trotz der desolaten Verhältnisse, in denen sich täglich etwa 100.000 Fahrgäste, meist Umsteiger, zurecht finden müssen, ist erst 1999 mit einer umfassenden Modernisierung zu rechnen. Die Entwürfe dazu – das Berliner Architektenbüro J · S · K hat sich dieser Aufgabe angenommen – liegen inzwischen vor, und in der Verkehrsplanung ist das Ostkreuz bereits als einer der größten Nahverkehrsknotenpunkte Deutschlands vorgesehen. Prognosen auf das Jahr 2010 gehen von 26.000 Ein- und Aussteigern und 212.000 Umsteigern pro Tag aus.
Derzeit berühren nicht weniger als neun S-Bahnlinien die T-förmige Bahnhofsanlage mit ihren gestaffelten Bahnsteigen, die zu Beginn des Jahrhunderts als »Kreuzungsbahnhof Stralau-Rummelsburg« errichtet und erst 1933 in »Ostkreuz« umbenannt wurde. Dank ihrer soliden und damals sehr modernen Bauart funktioniert diese Anlage noch heute. In der unteren Ebene befindet sich je ein Bahnsteig für die Züge zwischen Innenstadt und Rummelsburg/Erkner sowie Nöldnerplatz/Lichtenberg. Darüber, am Ende jener Bahnsteige, liegt der Ringbahnsteig. Außerdem gibt es einen Seitenbahnsteig zwischen den unteren Gleisen und dem Ringbahnhof Treptower Park.
Wie bereits angedeutet, kann den erhöhten Anforderungen an diesen Bahnhof, die mit beachtlichen Veränderungen einhergehen, nur durch einen erweiternden, gründlichen Umbau begegnet werden. Zum einen hat das Land Berlin die Pflicht, dem im Werden begriffenen Stadtentwicklungsgebiet Rummelsburger Bucht eine akzeptable Verkehrsanbindung zu bieten. Zum anderen sieht das Modernisierungsprogramm der Deutschen Bahn AG vor, das Ostkreuz für den Regionalverkehr auszubauen, so daß künftig sogar Zugverkehr nach Polen über diesen Bahnhof führen wird. Die bislang nur am Bahnhof Lichtenberg und am Ostbahnhof haltenden Regionallinien nach Frankfurt/Oder, Landsberg, Wriezen und Werneuchen haben dann einen weiteren Haltepunkt am Ostkreuz, so daß viele Reisende ihren Ausgangsbahnhof direkt, ohne nochmaliges Umsteigen, erreichen können.

Die wichtigste Neuerung aber ist die Umstellung des Betriebs von Linien- auf Richtungsverkehr: An einem Bahnsteig werden dann die Züge Richtung Innenstadt halten, während am anderen stadtauswärts gefahren wird. Um diese verkehrstechnischen Veränderungen zu realisieren, bedarf es zusätzlicher Gleise, neuer Bahnsteige und eines erheblichen Ausbaus schon bestehender Bahnsteige, die zum Teil von elf auf zwanzig Meter verbreitert werden.
Am Ende dieses gewaltigen Umbauprogramms der Gleisanlagen wird sich der Knotenpunkt in seinen Ausmaßen mehr als verdoppelt haben, und insgesamt, nach einigen Verschiebungen, Begradigungen sowie Erweiterungen von Kurven, schließlich wie ein richtiges Kreuz aussehen.
Allen Vergrößerungen zum Trotz werden die Fahrgäste jedoch geringere Wege auf sich nehmen müssen, um ihren Bahnsteig oder Ausgang zu erreichen. Dafür sorgt die Planung der Architekten J · S · K, die neben festen Treppen 17 Rolltreppen und elf Aufzüge enthält. Diese befinden sich an den Ein- und Ausgängen aller angrenzenden vier Stadtquadranten und stellen die Verbindung zwischen den Bahnsteigebenen her. Die architektonische Gestaltung paßt sich zum einen der aus den technischen Erfordernissen resultierenden Gliederung an; zum anderen wird darauf geachtet, das unter Denkmalschutz stehende Bahnsteig- und Brückenensemble nicht bis zur Unkenntlichkeit zu überformen, sondern Teile daraus zu erhalten, wie z. B. auch die Fußgängerbrücke am westlichen Ende der Bahnsteige, die den Übergang zwischen den Bezirken Lichtenberg und Friedrichshain markiert.
Bei der Gestaltung der Zugangsbereiche werden außer wichtigen Aspekten der städtebaulichen Integration auch individuelle Anbindungsvarianten berücksichtigt. Wer nicht mit der Tram am Eingang Neue Bahnhofsstraße ankommt, wo auch das *Reise-Zentrum* ist, findet Möglichkeiten zum *Park and Ride* sowie *Kiss and Ride* vor.
Auf der Ebene 1 liegen die Bahnsteige Ro und F (S-Bahn), wobei letzterer die Funktion der Hauptverteilerebene übernimmt. Der dort besonders große Fahrgaststrom wird über einen aufgeweiteten Mittelbereich geführt und verteilt sich über verschiedenartige Verbindungen auf die Ebene 0 – den Bahnsteigen der Stadtbahnebene. Ebenso bequem funktioniert dies natürlich auch umgekehrt.

Bahnhofsumfeld

T-förmige Anlage
mit gestaffelten Bahnsteigen

Die Bahnsteighallen beider Ebenen sind unterschiedlich ausgebildet. Während die Überdachung der Bahnsteige auf Stadtbahnebene unter Einbeziehung historischer Bauteile durch geschlossene Einzeldächer erfolgt, ist für die Bahnsteighalle auf der Ebene +1 eine Dachkonstruktion aus Stahl und Glas vorgesehen. Ein aus zwei Elementen bestehendes Hallendach überspannt hier jeweils einen Bahnsteig und bietet in einem ausgewogenen Verhältnis von geschlossenen und transparenten Flächen sowohl Wetterschutz als auch den Einfall von Tageslicht. Letzteres wird durch zusätzliche Öffnungen im Ringbahnbrückenzug auf die unteren Bahnsteige der Ebene 0 geleitet.
Im Rahmen des in der Berliner Stadtplanung existierenden Konzepts der Ringzentren sollen sich an

Dienstleistungszentrum Ostkreuz mit Victoria Center, Planungsstand September 1997

den Kreuzungspunkten des Schienenverkehrs moderne Dienstleistungs-, Verwaltungs- und Handelszentren entwickeln. So auch am Ostkreuz. Auf dem ehemaligen Stammgelände der Knorr-Bremse AG und den Nachbarflächen, begrenzt durch Marktstraße, Pfarrstraße und den Lichtenberger Stadtbahnbogen, entsteht nach Plänen der Architekten J · S · K seit 1991 durch Sanierungs- und Neubauarbeiten das Dienstleistungszentrum Ostkreuz. Bis zum Jahr 2000 werden dort 330 Wohnungen und 345.000 Quadratmeter Gewerbefläche fertiggestellt sein, was etwa 10.000 Arbeitsplätzen entspricht.

Den räumlichen Schwerpunkt des Gesamtareals bildet das restaurierte und modernisierte Verwaltungsgebäude der Knorr-Bremse AG in der Hirschberger Straße, das – um einen neuen achtgeschossigen Büroriegel erweitert – heute von der Bundesversicherungsanstalt für Angestellte (BfA) genutzt wird. Weitere Markierungspunkte sind das ebenfalls fertiggestellte Dienstleistungszentrum Nord und das südlich der BfA geplante Victoria Center. Innerhalb der Neugestaltung des gesamten Quartiers, die auch den Ausbau der Verkehrsstruktur beinhaltet, werden Alleen angelegt, um den Grünanteil des Viertels zu erhöhen.

Daß J · S · K selbst an der Hirschberger / Ecke Marktstraße ein Büro- und Geschäftshaus als neuen Sitz des Architekturbüros errichtet haben auch weiterhin dort bleiben werden, nährt die Hoffnung, daß das Entwicklungskonzept aufgehen und man in einigen Jahren am Ostkreuz auf vielgestaltiges, urbanes Leben treffen wird.

Neue Flächenaufteilung mit
Galerie und Verbindungsebenen

BORNHOLMER STRASSE

Lage: Berlin-Prenzlauer Berg
Verkehrsanbindung: S1, S2, S25, S8, S10
Bauherr: Deutsche Bahn AG
Architekt:
Dörr · Ludolf · Wimmer, Berlin
Bauzeit: 1990 bis 1996

Nördlich des Ringbahnhofs Gesundbrunnen, an einer Gabelung der Vorortstrecken nach Velten/Frohnau, Oranienburg und Bernau entstand 1935 unter der Leitung des Reichsbahnarchitekten Richard Brademann der S-Bahnhof Bornholmer Straße. Seine Errichtung wie auch die des S-Bahnhofs Humboldthain standen in Zusammenhang mit dem wohl ehrgeizigsten Unternehmen in der Geschichte der Berliner S-Bahn, dem Bau der Nord-Süd-Bahn in den Jahren 1933 bis 1939. Ziel war es, die aus dem Norden und aus dem Süden an das Stadtzentrum herangeführten Vorortbahnen zu verbinden, und zwar durch eine 5,8 Kilometer lange Tunnelstrecke zwischen Stettiner Bahnhof (Nord) und Potsdamer Platz (Süd). Humboldthain und Bornholmer Straße wurden innerhalb kürzester Bauzeit errichtet, um im dicht besiedelten Norden Berlins weitere Zugänge zur neuen Tunnelbahn zu schaffen. Außerdem stand 1936 mit der Ausrichtung des Tunnelbaus auf den Bahnhof Friedrichstraße als »Centralbahnhof« der Wegfall des Stettiner Bahnhofs bevor.

In den Jahren der deutschen Teilung war der Bahnhof Bornholmer Straße stillgelegt, da er Bestandteil der Grenzbefestigungsanlagen der DDR war. 1990 beschloß die Senatsverwaltung für Bau- und Wohnungswesen, den Betrieb möglichst schnell wieder aufzunehmen und an diesem S-Bahnknotenpunkt einen leistungsfähigen Umsteigebahnhof mit zwei Richtungsfahrbahnen zu schaffen.

Die Berliner Architekten Dörr · Ludolf · Wimmer haben den unter Denkmalschutz gestellten Bau von Brademann instand gesetzt und gleichzeitig die Bahnhofsanlage erweitert. Dabei blieb die bauliche Dominanz der Bösebrücke über dem Gleisbett erhalten, und das bestehende Empfangsgebäude südlich der Brücke wurde an der Nordseite durch ein den architektonischen Duktus des Altbaus aufnehmendes Bauwerk ergänzt. Über diese Abgangsbauten an beiden Seiten der Brücke sind sowohl der östliche als auch der westliche Bahnsteig, auf denen heute wieder fünf S-Bahnlinien verkehren, bequem zu erreichen. Um den alten Bahnhofsbau in Sub-

Bornholmer Straße
mit Bösebrücke im Hintergrund,
um 1930

Neues Empfangsgebäude an der Brückensüdseite

Instand gesetztes Empfangsgebäude an der Brückennordseite

stanz und Funktion wiederherzustellen, wurde das Stahlskelett völlig freigelegt, saniert, verstärkt und danach wieder ausgemauert. Während nachgebrannte Spaltplatten die Gefache verkleiden, konnten die feingliedrigen Stahlfenster nach der Sanierung wieder eingesetzt werden.

Das neue Gebäude, ein Brückenbauwerk aus einer reinen Stahl-Glas-Konstruktion, nimmt nicht nur die Abmessungen des Nachbarbaus auf. Mit seinem fünfeckigen schirmartigen Dach, das eine fünfeckige Aufweitung der Eingangsplattform überspannt, stellt es eine formale Wiederholung des 30er Jahre-Bauwerks dar.

Im Inneren des Neubaus befindet sich an der Stirnseite ein Kunstwerk von Veronika Kellndorfer, das aus fünf großen gesinterten Glasflächen besteht, die eigens für diesen neuen Teil des Bahnhofs Bornholmer Straße geschaffen wurden.

POTSDAMER PLATZ

Lage: Berlin-Mitte
Verkehrsanbindung: Regionalbahn, S1, S2, S25, U2, mehrere Buslinien
Bauherr: Deutsche Bahn AG
Architekt: BPA Hilmer & Sattler, München/Berlin
Modersohn, Freiesleben, Berlin
Bauzeit: 1997 bis 2000

Mitten in Berlin, am Potsdamer Platz, dort wo seit 1992 auf einem 480.000 Quadratmeter großen Areal ein ganzes Stadtquartier errichtet wird, entsteht auch ein neuer Regionalbahnhof. Dieser befindet sich drei Stockwerke tief unter dem 12.500 Quadratmeter großen Gelände zwischen Link- und Bellevuestraße; oberhalb zeugen jedoch nur zwei einander auf dem Potsdamer Platz gegenüberstehende, rechteckige Glaspavillons von der Existenz der Verkehrsstation. Sie nehmen die Haupttreppen auf und dienen als Belichtungsöffnungen für die darunterliegende Passerelle, die die Verteilerebene zu den Bahnsteigen bildet. Der rahmenhafte Eindruck der Glashäuser entsteht aus dem Kontrast zwischen starken, dunklen Stahlträgern und einer eher zarten Glaskonstruktion. Einziges, in diesem Falle aber sehr wichtiges Gestaltungselement ist der Schriftzug »Bahnhof Potsdamer Platz«, der auf allen vier Trägern in großen, beleuchteten Buchstaben zu lesen ist. Insbesondere nachts, wenn die Glaskuben als hell erleuchtete Lichträume erstrahlen, entfalten sie vor dem Hintergrund der 24geschossigen Neubebauung eine den Platz bestimmende Wirkung.
Dieser unterirdische, aus allen Richtungen erreichbare Bahnhof, der Umsteigemöglichkeiten zwischen der in Nord-Süd-Richtung verlaufenden Regionalbahn, den S-Bahnlinien S1 und S2 sowie der geplanten U3 zwischen Alexanderplatz und Kurfürstendamm bietet, ist Teil des größten Einzelvorhabens der DB Projekt GmbH Knoten Berlin. Auf der von Moabit nach Schöneberg führenden Nord-Süd-Verbindung ist er Bestandteil des Teilstücks »Zentraler Bereich«, einer 3,5 Kilometer langen Tunnelstrecke, die nördlich des Lehrter Bahnhofs beginnt. Sie verläuft unterhalb der Spree und unterquert ebenfalls den Tiergarten bis südlich des Gleisdreiecks. Von dort aus geht es oberirdisch weiter bis zum Bahnhof Papestraße bzw. bis zum Prellerweg.
Die Einrichtung einer Nord-Süd-Verbindung mit Tunnelstrecke basiert auf einer Überlegung von 1910, die während des Nationalsozialismus realisiert wurde, damals allerdings in Ausrichtung auf den Bahnhof Friedrichstraße (s. Kapitel Friedrichstraße). Bei dem derzeitigen Bauprojekt handelt es sich natürlich um eine den heutigen Erfordernissen entsprechende Maßnahme, die den neuen Lehrter Bahnhof ins Zentrum stellt und den Regionalbahnhof Potsdamer Platz, vor allem für Pendler aus dem Berliner Umland, eine wichtige Funktion übernehmen läßt. Der Entwurf für diesen neuen Bahnhof stammt von den Architekten Hilmer & Sattler, die 1991 auch den städtebaulichen Masterplan für den Potsdamer Platz entwickelt haben. Für den unterirdischen Regionalbahnhof zeichnen sie jedoch nicht allein verantwortlich; er entsteht in Zusammenarbeit mit den Berliner Architekten Modersohn Freiesleben.
Der Bahnhof erstreckt sich in seiner gesamten Länge von 260 Metern und einer Breite von 50 Metern über drei Ebenen. Auf der unteren Ebene befinden sich zwei etwa 230 Meter lange Mittelbahnsteige, wobei die beiden äußeren Gleise für den durchgehenden Fernbahnverkehr und die mittleren für die Regionalbahn vorgesehen sind. Auf der mittleren Ebene ermöglicht eine 5.600 Quadratmeter große Fußgängerpasserelle, die hier gleichsam die Funktion einer Bahnhofshalle übernimmt, den

Potsdamer Bahnhof, 1896

Westlicher Teil
der Verkehrshalle, 1939

bequemen Übergang zur Regional, U- oder S-Bahn sowie die Unterquerung des Potsdamer Platzes. Ganz oben, über der Passerelle, liegt der U-Bahnhof der Linie U 3, die zu einem späteren Zeitpunkt zwischen Weißensee und Wittenbergplatz verkehren soll. Zum Luftraum der Passerelle hin sind die Bahnsteige verglast, so daß sich Blickbeziehungen in die wenig tiefer gelegene, ca. 4,60 Meter hohe Bahnhofshalle herstellen lassen. Im Kreuzungsbereich der Passerelle mit der U3, wo auch die Haupttreppen der Bahnsteige münden, ist der Bahnhof in seiner Gesamthöhe von zwölf Metern erlebbar. Dort befindet sich eine große Deckenöffnung, durch die Tageslicht bis auf die untersten Bahnsteige gelangt. In diesem Bereich sowie auch am nördlichen und südlichen Ende der Passerelle (Übergang debis Ladenpassage) werden auf insgesamt 1.150 Quadratmetern Flächen zur kommerziellen Nutzung eingerichtet.

Am Farb- und Materialkonzept, wie es die Architekten entworfen haben, läßt sich die dem Innenraum zugrundeliegende Idee nachvollziehen. Es soll ein Raumeindruck entstehen, vergleichbar dem Inneren eines Bergkristalls, umschlossen von Beton und Erdreich. Um ein einheitliches Erscheinungsbild zu erreichen, werden auf den verschiedenen Ebenen gleiche oder ähnliche Materialien und Farben für die Wand-, Decken- und Bodenbeläge verwandt. Bestimmend dabei ist der Einsatz von Glas. So erhalten die Wände eine Verkleidung aus strukturierten und halbtransparenten Glasplatten, während ein umlaufendes bedruckbares Glasband alle wichtigen Informationen und Hinweise enthält. Durch spezielle Beleuchtungs- und Filtertechniken werden die Wände in ein diffuses Licht getaucht; die dadurch erzeugte Farbigkeit wird als Gestaltungselement eingesetzt. Dennoch bleiben Läden, Counter, Automaten und Werbeflächen problemlos in das System integrierbar.

Alle notwendigen Installationen wie Beleuchtung, Lautsprecheranlagen etc. befinden sich hinter einer abgehängten Deckenkonstruktion, die aus einem offen strukturierten Edelstahlgitter besteht.

Luftaufnahme
Baustelle Potsdamer Platz
Foto: Tessmann/Quabbe

Grundriß
Platzoberfläche

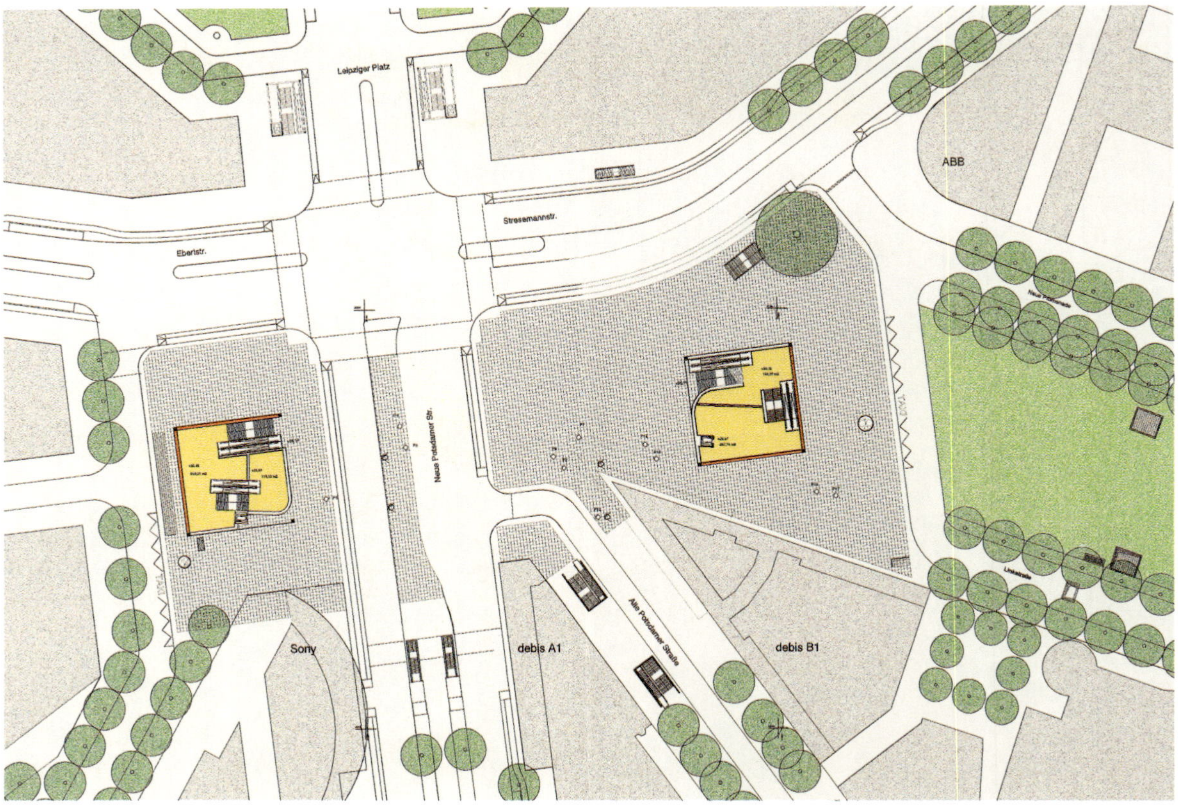

Glaskuben als Eingänge
auf Platzebene

Passerelle
mit Deckenöffnungen

Verteilerebenen
mit Fußgängerpasserelle und
Übergang zur U-Bahn

U-BAHNHOF UNTER DEN LINDEN

Lage: Berlin-Mitte
Verkehrsanbindung: U5, U6
Bauherr: BVG vertreten durch Senat Bau Wohnen
Architekt: Ingrid Hentschel & Axel Oestreich, Berlin
Ingenieure: WKP König, Stief & Partner, Berlin Ingenieurbüro Krenkel GmbH, Berlin
Bauzeit: noch offen

Unter den Planungen für den Zentralen Bereich und damit für das Regierungsviertel befindet sich außer dem Bau der U 3, der sogenannten Kanzlerbahn, auch die Einrichtung eines neuen U-Bahnhofs. Dieser befindet sich im Kreuzungsbereich zwischen Unter den Linden und Friedrichstraße. Dort treffen einander die dicht unter der Straßenoberfläche liegende U 6 (Alt-Tegel/Alt-Mariendorf) und die Verlängerung der U 5, die voraussichtlich 2004 vom Alexanderplatz, in Tieflage unter den »Linden« und dem Regierungsviertel hinweg, bis zum Lehrter Bahnhof führen wird. Zunächst beschränkt man sich jedoch auf ein 1.868 Meter langes Teilstück, das zwischen Lehrter Bahnhof und Pariser Platz im Schildvortriebverfahren gegraben wird. Die Kreuzung mit der U 6 ist zwischen deren Haltestellen Friedrichstraße und Französische Straße vorgesehen, so daß letztere nach Einrichtung des neuen Bahnhofs entfallen bzw. wenige Meter weiter nördlich von Unter den Linden aufgenommen wird. Eine solche Veränderung setzt zwangsläufig das Karussell der Namensfindung in Gang, denn es gibt ja bereits seit 1936 östlich des Brandenburger Tors einen S-Bahnhof, der »Unter den Linden« heißt. Nach derzeitigem Planungsstand wird man diesen umtaufen müssen in »Brandenburger Tor«. Der neue Träger des Namens »Unter den Linden« wird sich als würdiger Nachfolger erweisen, denn er ist als einer der repräsentativsten Bahnhöfe des U-Bahnnetzes geplant.

Komplizierte Bedingungen und zum Teil widersprüchliche Vorgaben machten es den Teilnehmern eines 1993 ausgelobten Wettbewerbs nicht leicht, eine zufriedenstellende Lösung zu finden. Neben der ungünstigen Lage auf der Allee Unter den Linden und den diversen Bestimmungen der Gartendenkmalpflege waren die unterschiedlichen Zielsetzungen der einzelnen Interessengruppen zu berücksichtigen. Während die Verkehrsplaner Unter den Linden gern als Entlastungsstraße ausgebaut gesehen hätten, wünschten sich Stadtplaner einen hochwertigen Boulevard, und die beteiligten Investoren schließlich wollten vor allem kurze Wege zu ihren Geschäften.

Favorisiert wird heute der Entwurf von Ingrid Hentschel und Axel Oestreich, die eine L-förmige Anlage vorschlagen, da wegen der geometrischen Lage (Verengung der Friedrichstraße) und der zu schützenden Wurzeltiefe des Baumbestands der Linden eine idealtypische kreuzförmige Lösung nicht möglich ist. Oberhalb jedoch gibt es Zugänge an allen vier Eckpunkten der Kreuzung; Aufzüge können nur an der südlichen Straßenseite eingerichtet werden, weil die Gehwege auf der Nordseite zu schmal sind.

Zwei Treppenanlagen, die durch ihre Öffnungen den Blick auf die Züge des unteren Bahnsteigs zulassen, prägen die obere Ebene der U6 mit ihren Seitenbahnsteigen. Sie wird über zwei quadratische, über den Durchbrüchen liegende Glassteindecken natürlich belichtet. Parallel zu den Bahnsteigen liegen Läden und ein Aufsichtsraum der BVG.

Der Bahnsteig in Tieflage dagegen wird als Mittelbahnsteig in Form einer durch zwei Stützenreihen dreifach unterteilten Halle ausgeführt, wobei der entstehende mittlere Raum auf elf Meter bis hinauf zum Straßenniveau überhöht ist. Zur rhythmisierenden Gliederung des Hallenraums werden jeweils zwei Stützen zu einer Einheit zusammengefaßt. Dazwischen befindet sich eine sparsame Möblierung aus naturbelassenen Holz- und Stahlelementen. Für einen einheitlichen Raumeindruck sorgt eine Lichtkassettendecke, ergänzt durch Lichtbänder an den niedrigeren, den Gleisen zugeordneten Seitenabschnitten.

Über dreiläufige, auf Zwischenpodesten abgewinkelte Treppen werden die Ebenen miteinander verbunden. Daneben sowie in der Mittelachse der unteren Ebene gibt es gläserne Rolltreppen und einander gegenüberstehende Aufzüge.

Die Konstruktion der Anlage ist aus Sichtbeton und bleibt mit sandgestrahlter Oberfläche unbehandelt. Kühle Farben wie ein grauer Granitfußboden und blaue, hinterleuchtete Glasstreifen an den Tunnelwänden vermitteln einen Eindruck von Sachlichkeit und Funktionalität. Blaues Glas ist auch das bestimmende Gestaltungselement der äußeren Zugangsbauwerke und setzt sich fort bis zu den mit Glas verkleideten Umfassungswänden der Zugänge. Bei nächtlicher Beleuchtung wirken die Aufzüge und Eingänge der U-Bahnstation als Orientierungspunkte im Straßenraum.

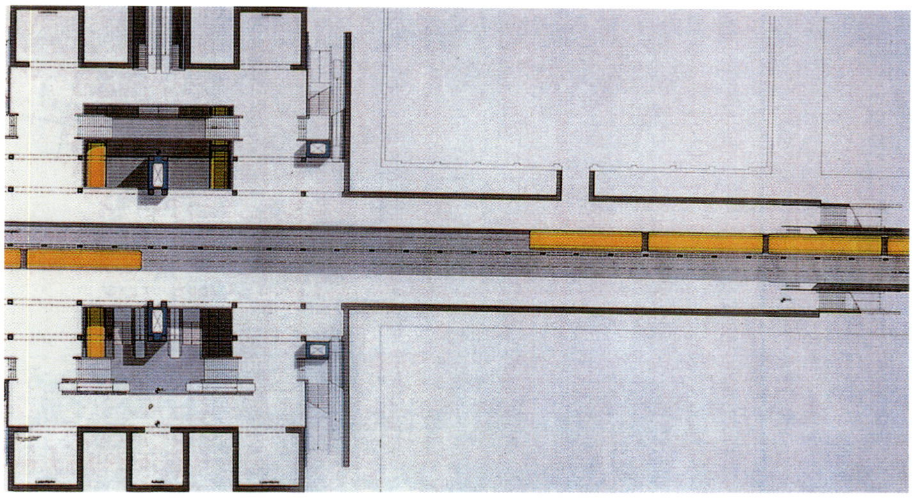

oben: Aufsicht obere Ebene

unten: Bahnsteighalle

links: Nord-Süd S-Bahn
Unter den Linden, 1935

WIEDERHERSTELLUNG DES BERLINER S-BAHNRINGS

Die ehemals außerhalb der Stadt gelegene Ringbahn markiert heute die Grenze zur Berliner Innenstadt. Die Ringbahn setzte sich zusammen aus dem östlichen Teil, der von Moabit über Gesundbrunnen nach Rixdorf und Schöneberg führte, sowie dem westlichen Teil von Moabit über Charlottenburg und Halensee nach Tempelhof. Bei ihrem Bau in den Jahren 1867 bis 1877 waren wesentlich weniger Bahnhöfe eingerichtet worden, als heute vorhanden sind. Diese jedoch förderten maßgeblich die Entstehung von Geschäftsvierteln rund um die Bahnhöfe. Kaum zu überschätzen ist die verkehrliche Bedeutung der Ringbahn mit ihren überaus zahlreichen Umsteigeverbindungen zur U-Bahn; auf dem Südring ist nahezu jede Station ein Umsteigebahnhof. Im Laufe ihrer Geschichte wurden die Bauwerke der Ringbahn mehrfach umgebaut, aber vielfach auch abgerissen und neugebaut, so daß kaum eines der alten Empfangsgebäude erhalten geblieben ist. Insbesondere zwischen 1890 und 1910 kam es zu einer wahren Erneuerungswelle. Zuletzt wurden 1993 alte Bahngebäude am Ring für den Ausbau des Bahnhofs Gesundbrunnen abgerissen.

Obwohl die Bahnhöfe einer gemeinsamen Typologie folgten, war keiner wie der andere gestaltet. Im Gegensatz zu den sehr zweckmäßigen Grundrissen wurden die Fassaden häufig historisierend gestaltet. Erst mit der Elektrifizierung der S-Bahn in den 20er Jahren führte der Reichsbahnarchitekt Richard Brademann neue Gestaltungsrichtlinien ein und ermöglichte damit dem Expressionismus den Einzug in die Architektur der Berliner Ringbahn. Häufig wurden die alten Gebäude durch rote Klinkerbauten ersetzt, die teilweise bis heute erhalten sind, wie z. B. am S-Bahnhof Wedding. Der Bahnhof Jungfernheide, ein sehr typisches Beispiel des neuen Baustils, stammt ebenfalls von Brademann. Die Bahnsteige waren meist massiv gemauert, und die Überdachungen wurden aus gußeisernen Stützen und den charakteristischen Satteldächern aus Holz gebildet.

Die Bahnhöfe, die derzeit zur Wiedereröffnung des Rings renoviert werden, stammen zumeist aus dieser Zeit. Da im Zweiten Weltkrieg viele S-Bahnstationen zerstört wurden, erfolgten bei deren Wiederaufbau weitere Veränderungen. Nach Ausbesserung der Kriegsschäden wurden gelegentlich auch neue, schmucklose Empfangsgebäude errichtet, wie z. B. Schönhauser Allee mit seinem hellen, schlichten Interieur, das typisch für die 50er Jahre ist. Nach vielen politischen Querelen, die dazu führten, daß der Verkehr auf der westlichen Hälfte im Jahr 1980 eingestellt wurde, soll die Strecke nun wieder zu einem vollen Ring geschlossen werden. Zu diesem Zweck werden zahlreiche S-Bahnhöfe neu gebaut oder renoviert.

Der Bahnhof Jungfernheide wurde 1893/94 ohne ein Empfangsgebäude errichtet. Zunächst hatte er zwei Bahnsteige für die Ringbahn und erhielt 1908 zwei zusätzliche für die Lehrter Bahn. 1929 kam ein weiterer für die Siemensbahn hinzu, der allerdings mit dem Bau der U-Bahnlinie 7 wieder abgerissen wurde. Obwohl der Bahnhof Jungfernheide als Umsteigebahnhof zwischen S- und U-Bahn angelegt war, besteht keine direkte Verbindung. Von 1992 bis 1998 verkehrte von dort aus wieder eine Regionalbahn nach Nauen.

Anstelle der alten Station Moabit an der Beusselbrücke entstand 1894 der Bahnhof Beusselstraße. Dessen historisierende Klinkerarchitektur wurde im Krieg stark beschädigt und 1962/63 nurmehr einfach und schmucklos wieder aufgebaut. Außerdem verzichtete man auf einen zweiten Zugang zum Bahnsteig. 1980 dann erfolgte die Stillegung des Bahnhofs. Ab 1984 diente er als Treffpunkt des Berliner Fahrgastverbands, wurde jedoch vier Jahre später wegen der geplanten Verbreiterung der Beusselstraße abgerissen. Der Neubau des Bahnhofs wird dem Vorgängerbau gegenüber ein wenig versetzt unter der Beusselbrücke errichtet, um kurze Wege für die Fahrgäste zu ermöglichen.

Der Bahnhof Westhafen/Putlitzstraße wurde 1898 neben dem neuen Kraftwerk am Ring errichtet. Er war aufwendig gestaltet und hatte zwei versetzte Bahnsteige für die Ringbahn und die Lehrter Bahn. Im Zweiten Weltkrieg fanden auf diesem Bahnhof Abtransporte von Juden in die Konzentrationslager statt, woran heute ein Denkmal erinnert.

1952 wurde der Bahnsteig der Lehrter Bahn zusammen mit dem Lehrter Bahnhof stillgelegt und abgerissen. Das alte Empfangsgebäude folgte und wurde durch einen bescheidenen Pavillon auf dem Bahnsteig ersetzt. Einfache Treppen sollten einen Übergang zum 1961 erbauten U-Bahnhof Putlitzstraße, der 1992 in »Westhafen« umbenannt wurde, ermöglichen. Der direkte Übergang ist seit der Stillegung der S-Bahn vermauert. 1976 bis 1979 wurde der Bahnhof wegen des Neubaus der Putlitzbrücke erneut baulich verändert.

In den Jahren 1889/90 wurde der Bahnhof Wedding gebaut. Die Teilstrecke der Ringbahn wird hier, ähnlich wie bei der Stadtbahn, auf einem gemauerten Viadukt geführt, so daß es kein Empfangsgebäude gibt. Auch diesen Bahnhof legte man 1980 still. Im Zuge der Neubauplanungen soll der Bahnsteig über die Müllerstraße verlängert werden, um eine direkte Verbindung zur U-Bahnlinie 6 über die Mittelinsel zu schaffen. Der Zugang zum Nettelbeckplatz bleibt erhalten.

Bei der bereits erfolgten Sanierung des S-Bahnhofs Schönhauser Allee, der 1890 errichtet wurde, hat

Stillgelegter S-Bahnhof Beusselstraße, 1983

man vorrangig auf die Zugänglichkeit für Behinderte geachtet. Darüber hinaus fordern Interessenvertreter den Bau eines direkten Zugangs zur Dunckerstraße.

Der Bahnhof Treptower Park entstand 1892 bis 1896 und wurde in den 50er Jahren durch einen Neubau mit Klinkerfassade ersetzt. Im Zuge der Renovierung für den Anschluß des Südrings erhielt er einen neuen Aufzug.

1912 erst wurde der Bahnhof Sonnenallee eingerichtet, der zu diesem Zeitpunkt noch »Kaiser-Friedrich-Straße« hieß. Sein ursprüngliches Gebäude blieb erhalten. 1939 wurde die Haltestation nach dem Geburtsort Hitlers in »Braunauer Straße« umbenannt. 1945, mit dem Ende des Gewaltherrschers, erhielt sie schließlich den Namen »Sonnenallee«. Seit dem Mauerbau 1961 bildete sie den Endbahnhof des westlichen Teilrings und wurde 1980 geschlossen.

Im Dezember 1997 erfolgte hier nach 17 Jahren Ruhezustand der Lückenschluß zwischen Neukölln und Treptower Park. Sonnenallee ist damit der 150. Bahnhof im Berliner Netz. Er verfügt nun über einen Aufzug und einen zweiten Zugang von Norden. Seit der Wiedereröffnung verbindet ein nur 3,5 Kilometer langes Teilstück wieder den südlichen mit dem östlichen Ring; sozusagen ein »kleiner Lückenschluß mit großer Wirkung«. Bei der Sanierung der Strecke mußten vier Brücken neu gebaut und vier weitere wiederhergestellt werden. Darüber hinaus wurden Vorkehrungen getroffen, um zu einem späteren Zeitpunkt den Bahnhof Kiefholzstraße zwischen Neukölln und Treptow einzurichten.

S-Bahnhof
Kaiser-Friedrich-Straße, 1920

S-Bahnsteig
Treptower Park, 1997

S-Bahnsteig
Jungfernheide, 1997
Foto: A. Muhs

S-Bahnsteig
Sonnenallee, 1997

AUSFLUGSZIEL POTSDAM

Lage: Landeshauptstadt Potsdam
Verkehrsanbindung: Regionalbahn S7, Busse, Tram
Bauherr: Stadt Potsdam, Deutsche Bahn AG
Architekt: gmp von Gerkan, Marg und Partner, Hamburg
Entwurf: Meinhard von Gerkan
Statiker: Schlaich, Bergermann + Partner, Stuttgart
Bauzeit: 1997 bis voraussichtlich 2000

Als hätte es nie eine Unterbrechung gegeben, setzte nach dem Fall der Mauer sogleich wieder reger Ausflugsverkehr nach Potsdam ein. In der Geschichte der Eisenbahnstadt Berlin ist die Verbindung zwischen den beiden Residenzstädten die älteste. Schon 1838 wurde die Strecke eröffnet, zunächst auf dem bis heute »Stammbahn« genannten Abschnitt von Potsdam nach Zehlendorf, wenige Wochen später erfolgte die Verlängerung bis zum Potsdamer Bahnhof in Berlin. Von Anfang an waren es nicht nur wirtschaftliche oder politische Beweggründe, die Berliner und Besucher Preußens nach Potsdam führten, sondern auch die Potsdamer Kulturlandschaft, die mit den Werken von Lenné, Schinkel, Persius und anderen lockte. Diese Anziehungskraft ist bis heute ungebrochen, so daß Überlegungen angestellt werden, die im Zweiten Weltkrieg teilweise zerstörte und später stillgelegte Trasse der Wannseebahn wiederaufzubauen. Wie dies im einzelnen aussehen könnte, ist zur Zeit noch unklar, fest steht aber, daß in einer der Bahnröhren des unterirdischen Regionalbahnhofs Potsdamer Platz ein Anschluß reserviert wird. Bis mindestens 2002 wird man aber noch mit der S 7 und der RE 1 vorliebnehmen müssen.
In Potsdam Stadt angekommen, erwartet Besucher wie Anwohner dann ein völlig neuer Bahnhof, der wie auch der Spandauer und der Lehrter Bahnhof nach den Plänen des Hamburger Büros von Gerkan, Marg und Partner errichtet wird. Den Entwurf kennzeichnet große Zurückhaltung, da es im wesentlichen einfache und funktionale Mittel sind, die dem Ort dennoch unverwechselbare Identität verleihen. Dies ist zum einen die Brücke, die Nord und Süd miteinander verbindet, und das lange, wellenförmige Dach, das die in alle Richtungen verlaufenden Verkehrsströme aufnimmt und bündelt. Zum anderen werden der alte Wasserturm und die Spritzhalle in die moderne Verkehrsanlage integriert und bleiben auf diese Weise als Denkmäler erhalten. Gleichzeitig bilden sie einen reizvollen Kontrast zu der leicht und durchlässig erscheinenden Dachkonstruktion, die aus in Längsrichtung verlaufenden Flachblechbändern besteht, die über zweireihig angeordnete, kammartige Stützen umgelenkt werden. Den südlichen Platz der Bahnhofsanlage schirmt ein parallel zu den Gleisen gestellter Gebäuderiegel ab, in dem Büroflächen vorgesehen sind.
Die Entwicklung des Bahnhofsumfelds ist nicht nur Gegenstand der städtebaulichen Planung, sondern auch Anlaß immer wieder auftretender Schwierigkeiten zwischen dem Potsdamer Baudezernat und dem Unesco Weltkulturerbe. Dort befürchtet man die schrittweise Zerstörung dessen, was die Stadt so einzigartig und wertvoll macht. Wiederholt wurde sogar gedroht, Potsdam auf die rote Liste zu setzen, womit die Stadt ihre wichtigste »Ressource« ver-

Schnitt durch die Bahnhofsanlage

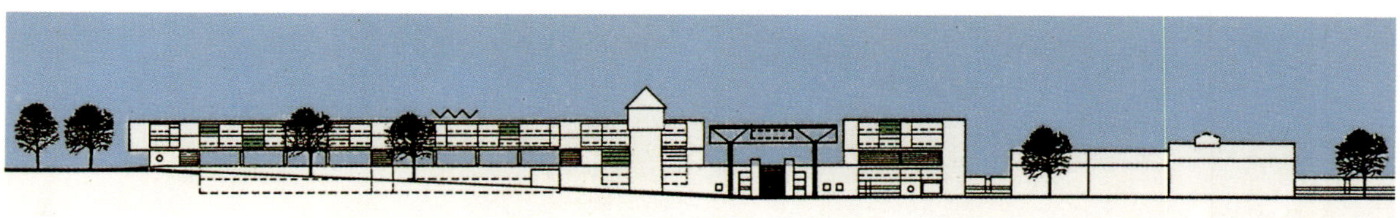

spielt hätte. An ein ganz anderes Kapitel deutscher Geschichte wird erinnert, wer auf dem Weg nach Potsdam auf dem Bahnhof Grunewald aussteigt. Dort befindet sich seit 1988 rechts vor dem Empfangsgebäude ein Mahnmal, geschaffen von den Künstlern Karol Broniatowski und Ralf Sroka, auf dem folgender Text zu lesen ist: »Zum Gedenken an die mehr als 50.000 Juden Berlins, die zwischen Oktober 1941 und Februar 1945 vorwiegend vom Güterbahnhof Grunewald aus durch den nationalsozialistischen Staat in seine Vernichtungslager deportiert und ermordet wurden.« Für Johannes Ludewig, den Geschäftsführer der Deutschen Bahn AG, steht außer Zweifel, daß es eine Verwicklung der Reichsbahn in den Holocaust gab und das Thema Judenverfolgung in unserer Vorstellung nicht mehr zu trennen ist von schaurigen Bildern der Züge und Gleise, die unweigerlich in den Tod führten. 1999 wird eine Publikation renommierter Historiker erscheinen, die sich im Auftrag der DB mit diesem Thema beschäftigt haben.

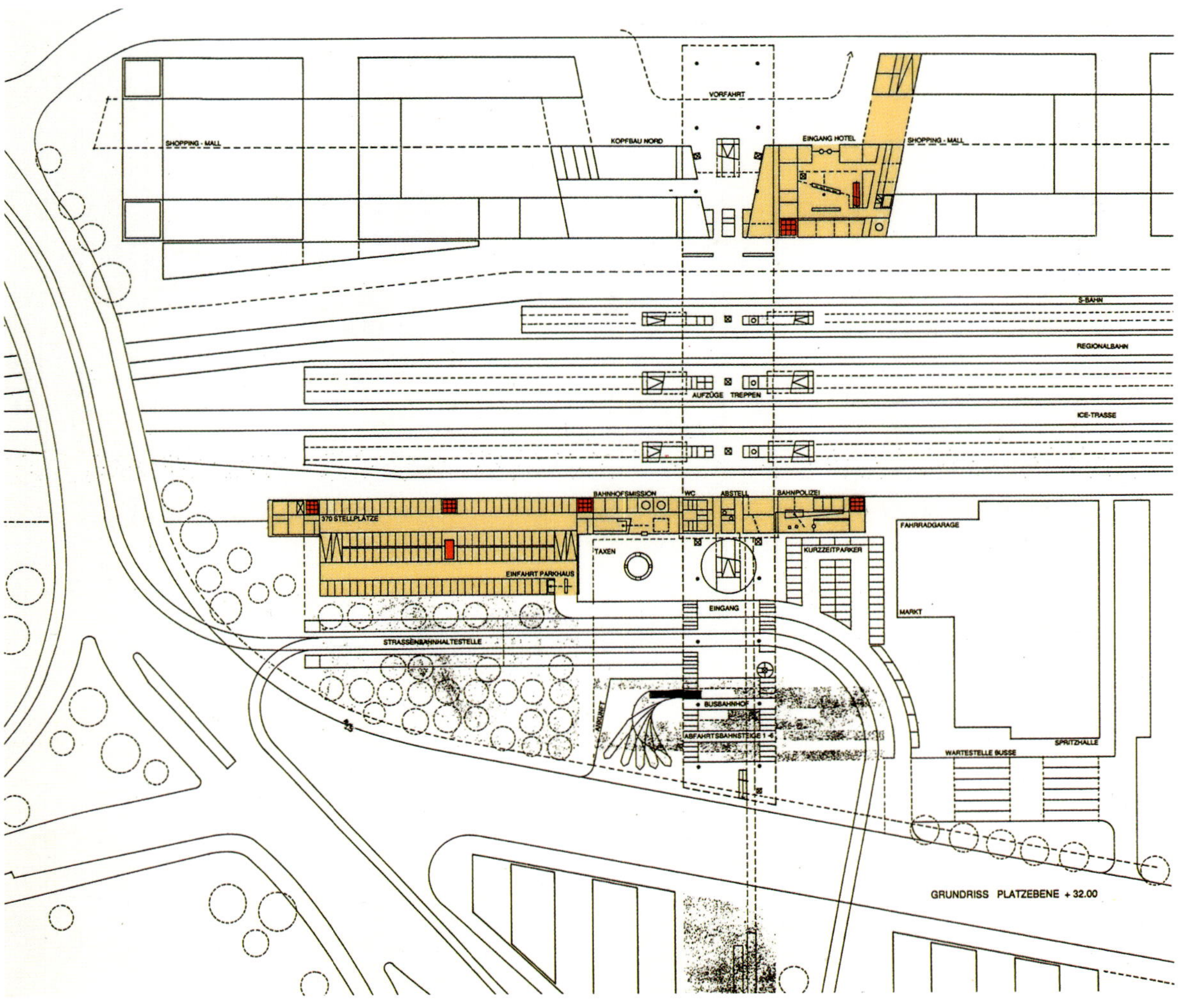

Potsdam Center Südgelände, Grundriß Platzebene

Stadtpanorama Potsdam mit
Nicolaikirche im Hintergrund

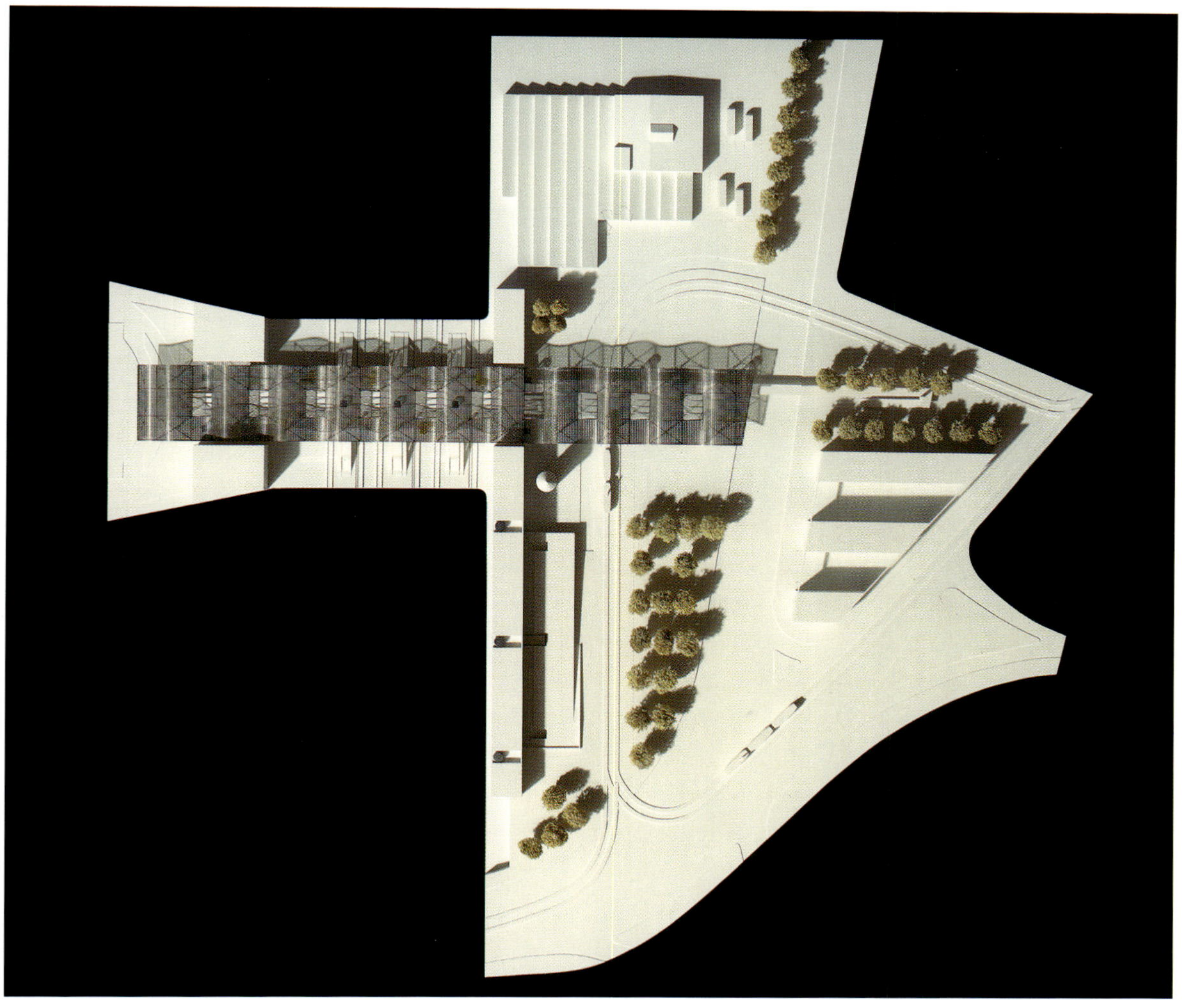

Modell
Anordnung der Baukörper
Foto: H. Leiska

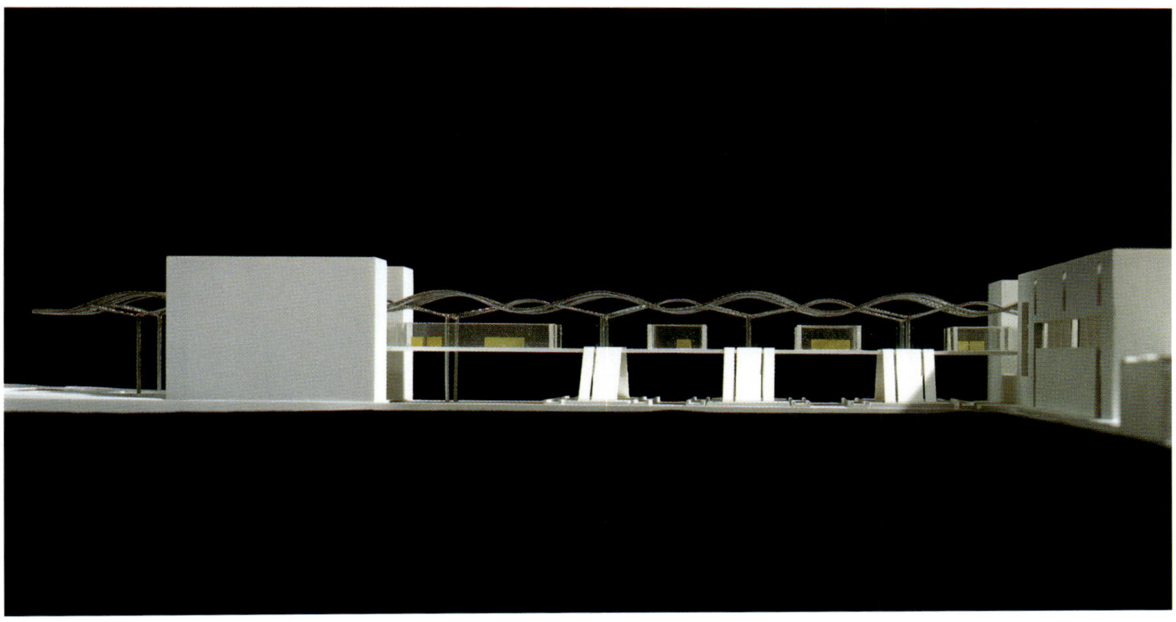

Modell
Nord-Süd-Brücke
Foto: H. Leiska

FERNZIEL MAGNETSCHNELLBAHN

Kaum eine Neuerung im Verkehrswesen wird so heftig umkämpft wie der Bau der Magnetschnellbahnverbindung zwischen Berlin und Hamburg. In Brandenburg rief man sogar ein »Bündnis gegen den Transrapid« ins Leben. Dessen Protest richtet sich vor allem gegen die Trassenführung, da eine Zerstörung des Landschaftsraums sowie eine erhöhte Umweltbelastung und Lärmbelästigung befürchtet werden. Außerdem wird das gesamte Unternehmen als unwirtschaftlich eingeschätzt, da die Magnetschnellbahn mit der bereits existierenden ICE-Verbindung konkurriert. Die Magnetschnellbahn-Planungsgesellschaft begegnet all diesen Argumenten mit konkreten Zahlen. So ist z. B. der Transrapid bei einer Geschwindigkeit von 200 Stundenkilometern mit 74 Dezibel nur so laut wie die neueste S-Bahn bei 80 Stundenkilometern. Was den Energieverbrauch angeht, läßt sich über die neue Technologie sagen, daß sie, umgerechnet auf den Benzinverbrauch, lediglich drei Liter pro hundert Kilometer benötigt. Bei einer Fahrzeit von höchstens 60 Minuten und einer Zugfolge im Abstand von 20 Minuten wird außerdem der Kurzstreckenflugverkehr zwischen beiden Städten überflüssig, was als erheblicher Beitrag zum Umweltschutz gewertet werden muß. Auch geht man von einer nur unwesentlichen Beeinträchtigung des Landschaftsbildes aus, da die Bahn auf mehr als der halben Strecke ebenerdig schwebt und dort, wo eine Aufständerung nötig ist, diese parallel zu Autobahnen und Hochspannungsleitungen geführt wird. Insbesondere wird darauf hingewiesen, daß die Einbindung des Transrapids in das Netz der Deutschen Bahn, die sowohl Bauherr als auch erster Kunde der neuen Technologieentwicklung ist, eine sinnvolle Ergänzung im spurgebundenen Verkehr bedeutet. Verkehrsplanung, zumal in dieser Größenordnung, muß stets über die aktuellen Gegebenheiten hinausblicken und sich weit stärker am Bedarf von morgen orientieren, wobei es in bezug auf die Magnetschnellbahn allerdings eher um den Bedarf von übermorgen geht.

Der Entscheidung, eine Bahnverbindung zu bauen, die die Städte Hamburg und Berlin durch eine Fahrzeit von einer knappen Stunde, mit Zwischenstop in Schwerin, näher zusammenrücken läßt, liegen umfangreiche Untersuchungen zu allen planungsrelevanten Faktoren zugrunde. Eine im Frühjahr 1997 fertiggestellte Gesamtprognose geht davon aus, daß sich das Verkehrsaufkommen zwischen Berlin und Hamburg nach der Jahrtausendwende erheblich steigern wird und im Jahr 2010 mit einem Tagesverkehrsaufkommen von bis zu 40.000 Passagieren zu rechnen ist. Hinzu kommen hohe Erwartungen in wirtschaftlicher Hinsicht. Mit solch einer schnellen Verbindung könnten Berlin, als künftiger Regierungssitz und Drehscheibe zum Osten, und der wirtschaftsstarke Raum Hamburg mit dem höchsten Bruttosozialprodukt Deutschlands zu einer einzigen Wirtschaftsregion zusammenwachsen. Mit Schwerin, der Landeshauptstadt Mecklenburg-Vorpommerns, die dann ebenfalls über eine Magnetbahnstation verfügt, soll eine »Metropolregion des florierenden Nordens« entstehen.

Nach den langen Auseinandersetzungen während des Raumordnungsverfahrens, die mit dem Scheitern eines Bürgerbegehrens einen vorläufigen Abschluß gefunden haben, wird nun das Planfeststellungsverfahren durchgeführt, auf daß man noch 1998 mit dem ersten Bauabschnitt beginnen kann. Bedauerlicherweise ist über das Streiten völlig in den Hintergrund getreten, daß es sich bei der Magnetschnellbahn um eine faszinierende Technik handelt, die vermutlich auf große Akzeptanz gestoßen wäre, hätte man für die Trasse ein verkehrstechnisch weniger gut erschlossenes Gebiet gewählt.

Die Technologie des berührungsfreien Schwebens ermöglicht Geschwindigkeiten, wie sie bislang nur von Flugzeugen erreicht werden, und ist dabei ausgesprochen umweltfreundlich. Der Transrapid bewegt sich, vereinfacht ausgedrückt, innerhalb von Magnetfeldern, durch das Prinzip der Anziehung zwischen Elektromagneten im Fahrzeug und den Reaktionsschienen im Fahrweg. Die elektromagnetischen Feldwirkungen werden dabei gebündelt, so daß sie nicht nach außen treten können. Energieversorgung und Antrieb werden durch maximal elf Unterwerke und durch 110-KV-Stromleitungen zum örtlichen Hochspannungsnetz sichergestellt. Die von einem Transrapid ausgehende Strahlung liegt im Bereich des Erdmagnetfelds und ist somit weitaus geringer als z.B. die elektromagnetische Strahlung eines Elektroherds. Schwingungen und Erschütterungen, die durch das Schweben verursacht werden, liegen sowohl außen als auch innen ebenfalls an der Grenze zum wahrnehmbaren Bereich, obwohl das Fahrzeug für sehr kurze Beschleunigungs- und Bremswege konzipiert ist. Alle Erkenntnisse und Maßgaben, die bei dem geplanten Bau der Strecke zwischen Berlin und Hamburg zur Anwendung kommen, sind das Ergebnis von unzähligen Versuchsreihen, die auf der im Emsland existierenden Teststrecke durchgeführt wurden.

Die durchgehend zweispurig geführte Stahl-Beton-Trasse der Magnetschnellbahn zwischen Berlin und Hamburg ist rund 292 Kilometer lang und zwi-

Trassenführung Berlin

Computersimulation: GI-Consult

Montage Transrapid,
Rudolf-Wissell-Brücke
Computersimulation: GI-Consult

schen 10,10 und 11,40 Meter breit. Sie verläuft 45 Kilometer durch Schleswig-Holstein, 90 Kilometer durch Mecklenburg-Vorpommern und 125 Kilometer durch Brandenburg. Auf dieser Strecke beträgt die Geschwindigkeit in den Ballungsräumen 250 Stundenkilometer und außerhalb bis zu 450 Stundenkilometer. Zum Einsatz kommen 5-Sektionen-Züge, die an ihren Haltepunkten eine Bahnsteiglänge von 130 Metern erfordern. Unter den 51 Zügen, die von sechs Uhr morgens bis ein Uhr nachts pro Tag und Richtung verkehren, gibt es zwei Varianten: der Streckenverlauf mit nur einem Halt in Schwerin oder aber zwei weiteren Stops in Berlin-Spandau und Hamburg-Moorfleet. In Richtung Berlin erreicht der Transrapid über eine eigens für ihn errichtete Brückenkonstruktion als erstes Spandau, um sich dann nach zweiminütigem Halt seinem Zielpunkt, dem Lehrter Bahnhof, zu nähern. Dort hält er wahrscheinlich neben den anderen Zügen und ermöglicht damit kurze Umsteigewege. Sollte sich bis zur Fertigstellung der Magnetschnellbahnverbindung im Jahr 2005 der vorsichtig kalkulierte Fahrpreis von ca. 180 DM für die Hin- und Rückfahrt halten lassen, wird man sich lange im voraus um einen Platz in diesem Zug der Zukunft bemühen müssen.

Da der Prophet im eigenen Land häufig wenig gilt, zeigt vor allem das Ausland Interesse an dem sogenannten High-Tech-Zug. In den Niederlanden, in Polen und auch in Teilen Amerikas könnte man sich den Transrapid als eine Bereicherung des Verkehrswesens vorstellen. Fraglich ist, ob eine solche Begeisterung anhält, wenn dort im Rahmen von Raumordnungsverfahren konkrete Trassen geplant werden und möglicherweise Probleme auftreten.

oben: Modell Transrapid

unten: Einfahrt des Transrapid nach Berlin-Spandau

Computersimulation: GI-Consult

Dienstleistung im neuen Design

Bei der vorangegangenen Präsentation der neuen Bahnhöfe wurde an verschiedenen Stellen auf Veränderungen im Design hingewiesen. Diesem Bereich, in funktionalen Zusammenhängen eher ein Stiefkind unserer Wahrnehmung und häufig als eine Form von Kosmetik unterschätzt, kommt innerhalb des Modernisierungsprogramms der Deutschen Bahn AG große Bedeutung zu. Dies bedeutet eine grundsätzliche Neuformulierung, da die alte Bundesbahn Fragen der Ästhetik oder des Geschmacks völlig vernachlässigt hat. Im Sinne einer *corporate identity* zeigen sich nun sämtliche Bereiche des Unternehmens in ihrem visuellen Erscheinungsbild aufeinander abgestimmt.
Dabei spielen die Wiedererkennbarkeit der einzelnen Produkte sowie die dazugehörigen Assoziationen der Kunden zu den eher abstrakten Werten des Reisens eine wichtige Rolle. Erreicht wird dies durch eine sich wiederholende Form-, Farb- und Materialauswahl, die sich im Gesamtbild bewußt zurückhaltend gibt, im Detail aber zukunftsweisende Erneuerung spüren läßt. So beschränkt man sich auf die Konzernfarben Rot, Dunkelblau, Hellblau und zwei Graustufen, die, kombiniert mit eigenfarbigen Materialien wie Holz, Aluminium, Edelstahl, Leder und weiteren Naturstoffen, einen ruhigen Eindruck vermitteln. Jede Form von Aufregung wird vermieden, denn der Bahnreisende, der sich in einer nicht alltäglichen Situation zurechtfinden muß, ist in der Regel aufgeregt genug. Seine Umgebung wird er erst eingehender betrachten wollen, wenn sich für ihn Warte- und Aufenthaltszeiten ergeben. Und dann hat er durchaus Gelegenheit, neben dem neuen Komfort ästhetische Details zu entdecken.
Beim Betreten der Bahnhofshalle jedoch erwartet den Kunden zunächst die angenehm sachliche Atmosphäre eines *ReiseZentrums*. Fußböden aus Rekompositstein, schalldämmende Deckenverkleidungen, Holzjalousien und eine der Situation angepaßte Beleuchtung erzeugen diese Raumstimmung. Erste Informationen erhält er bereits über LCD-Panels, die die Abfahrtszeiten, Bahnsteige sowie etwaige Verspätungen anzeigen. Mit Hilfe von Computern können diese Anzeigen problemlos aktualisiert werden.
Der unmittelbare Kontakt zwischen Kunden und Mitarbeitern findet dann an Countern statt, so daß dieser Raum zwischen ihnen große Bedeutung erlangt. Damit beide Seiten entspannt und konzentriert kommunizieren können, kommen bei der Gestaltung eines Counters neben den oben genannten Kriterien vermehrt psychologische und ergonomische Gesichtspunkte zum Tragen. Man weiß z. B. von unpraktischen Tisch- und Sitzhöhen, falscher Beleuchtung bis hin zu schlecht sitzender Dienstkleidung, daß all diese Faktoren die Atmosphäre erheblich beeinträchtigen, und nicht zuletzt hängt die Qualität des Kundenservices auch vom Wohlbefinden des Personals ab. Allein die Höhe eines Counters und den Platzbedarf für die darin unterzubringenden elektronischen Einrichtungen festzulegen, erfordert aufwendige Planungen. Um schließlich eine Höhe zu finden, bei der sich der Kunde nicht als kleiner, unbedeutender Bittsteller empfindet und der Mitarbeiter nicht nahezu unge-

Fahrkartenschalter, um 1970

schützt dasteht oder -sitzt, müssen zahlreiche Varianten durchgespielt werden. Viel Sorgfalt wird bei Countern auch auf die Auswahl des Materials und der Farbe verwandt, denn die anzusteuernde Verkaufs- und Informationseinrichtung muß den Kunden einladen, und auch das Berühren der Oberfläche sollte ihm nicht unangenehm sein.
Als vorteilhaft erweist sich zudem, daß das Schaltersystem eines *DB-ReiseZentrums* aus flexibel aufbaubaren Modulen besteht und damit variable Nutzungen zuläßt. Außer Reiseinformationen und Fahrkartenverkauf sind Hotelbuchungen, Autovermietung und weitere Dienstleistungen möglich.
Während zumeist Unruhe, schlechte Luft und ein von Kunstlicht erhelltes schäbiges Ambiente die Warteräume für Bahnreisende charakterisiert, will die Deutsche Bahn AG nun an die Tradition der einst luxuriösen Wartesäle anknüpfen und bis zum Jahr 2000 zunächst in 15 Großbahnhöfen die neue *DB-Lounge* realisieren. Diese soll unterschiedlichen Kundenbedürfnissen Rechnung tragen, so daß eine Untergliederung in entsprechende Bereiche vorgenommen wird. Allerdings findet auch eine Unterscheidung in Erste und Zweite Klasse statt. Nach dem Entwurf von Trix und Robert Haussmann wurde solch eine hochwertige Verweilzone inzwischen im Frankfurter Hauptbahnhof eingerichtet. Wichtig war den Züricher Architekten, der *DB-Lounge* eine eigene Identität zu geben, die sich deutlich vom Warteraum eines Flughafens unterscheiden sollte. Die Wahl der Materialien ist bestimmt durch Natürlichkeit, Haltbarkeit und Qualität. So bewegt man sich in Frankfurt auf einem Parkett aus hellem kanadischen Ahorn- und dunkelbraunem Sucupira-Holz und sitzt auf bequemen, DB-roten Ledersesseln. Entspannen und neue Kraft sammeln kann man in einem im Halbdunkel liegenden Relaxtunnel; dort laden mit blauem Leder bezogene Liegesessel ein. Familien werden eher den großen Aufenthaltsraum wählen, denn dort gibt es u. a. Spielzeugtonnen, die für Kinder viele Möglichkeiten ausschütten. An Geschäftsreisende wurde ebenfalls gedacht, sie können Konferenzräume mieten und die angrenzenden Nebenräume mit Telefon- und Faxservice benutzen.
In allen Bereichen dominieren robuste, langlebige Materialien wie Holz, Leder, Edelstahl und Naturstein, die besonders geeignet sind, in historischer Bahnhofsarchitektur ästhetische Brüche oder Überfrachtungen zu vermeiden.
Zu der angenehmen Raumstimmung tragen ebenfalls die unterschiedlichen Gastronomiebereiche bei, in denen nur bestes Personal beschäftigt werden soll. Das gleiche gilt für die Informationstheke und die Gepäckaufbewahrung im Eingangsbereich. Wer keine Fahrkarte besitzt, kommt für 15 Mark in den Genuß der *DB-Lounge*, während zehn Mark für den Aufenthaltsraum der Zweiten Klasse reichen.
Reger Zugverkehr und viele Menschen, die sich mit ihrem Gepäck fortbewegen oder warten, bringen nicht nur Buntheit auf die Bahnsteige, sondern lassen auch ein Klima latenter Aufregung entstehen. Um dem zu begegnen, wird eine optische Beruhigung durch geeignetes Mobiliar und eine klare Gliederung in Aufenthalts- und Bewegungsbereiche geschaffen. Besonders wichtig ist es, gestalterisch darauf hinzuwirken, daß der Bahnsteig für den Reisenden übersichtlich bleibt. Dazu werden wenige sogenannte Basismaterialien eingesetzt, die sich, unterstützt durch ein sowohl leitendes als auch akzentuierendes Lichtkonzept, auf der gesamten Länge verfolgen lassen. So erscheinen auch alle zu einem Bahnsteig gehörigen Elemente, vom Fahrscheinautomaten über Wagenstandsanzeiger bis hin zum Mülleimer, in einem einheitlichen Design. Dies muß natürlich auch ansprechend sein, denn

Counterreihen
mit neuem Lichtkonzept
von de Lucchi, Mailand

Von innen beleuchtete, Glasummantelte Counter

Akzeptanz wird bei einem Automaten z. B. nur erzielt, wenn Handhabung und Design für den Kunden attraktiv sind. Auch in den Wartezonen finden die Bedürfnisse des Kunden heute stärkere Berücksichtigung. So gibt es Stehhilfen, Einzelsitze und Banksysteme, alles aus schichtverleimtem Holz und Aluminium.

Obwohl im Bereich der Schienenfahrzeuge eine Vereinheitlichung durch die DB-Farben Weiß und Rot stattgefunden hat, läßt sich an der Kopfgestaltung der Züge die »Familienzugehörigkeit« des einzelnen Schienenfahrzeugs erkennen. Eine vertikale Gliederung, die die Türen hervorhebt, steht für Nahverkehr, während eine horizontale, also Geschwindigkeit assoziierende, Fernverkehrszüge schmückt. Gemäß den Gestaltungskriterien des *corporate design* dominieren im Inneren natürliche Materialien, wobei zwischen Leder in der ersten und Textilien in der zweiten Klasse unterschieden wird.

Bistro der DB-Lounge im
Hbf. Frankfurt a. M.
Gestaltung: Robert Haussmann,
Irene Haussmann,
Hans Jacob Hürlimann
Foto: F. A. Hild

Doppelstockwagen
Innenraum

Bistro-Abteil im ICE 2

DB-Lounge Frankfurt a. M.,
Entwurf:
Trix u. Robert Haussmann
Foto: F. A. Hild

Intercity

Airport Express Schönefeld, Typ der neuen Regionalbahn

Modell 1:1
links ICT, rechts ICE 3

S-Bahn Berlin,
Baureihe 481

Leit- und Orientierungssystem

Leit- und Orientierungssysteme sollen dafür sorgen, daß sich Menschen in bestimmten Situationen und Bereichen wie z. B. Bahnhöfen zurechtfinden. Um dies zu gewährleisten, basiert ein klassisches Leitsystem in seinem Aufbau auf drei wesentlichen Punkten: informieren, leiten und den Zielpunkt anzeigen. Es muß also eine klar gegliederte Informationshierarchie oder Informationskette hergestellt werden, die von einer ersten Übersicht bis zum Erreichen des Zielorts und der damit verbundenen Identifikation lückenlos funktioniert. Zur besseren Übersichtlichkeit und um den Benutzer eines Leitsystems nicht mit Unnötigem – Werbung gar – zu irritieren, sollte die Informationsmenge stets gering gehalten werden, so daß er frühzeitig differenzieren und das für ihn Wichtige selektieren kann.

Das neue Leit- und Orientierungssystem, wie es seit zwei Jahren in mittlerweile 120 Personenbahnhöfen Deutschlands zu finden ist, wurde von CDC Design entwickelt und technisch umgesetzt. Ein interdisziplinäres Team, bestehend aus Information-Designern, Graphik-Designern, Informatikern, Psychologen, Soziologen und Architekten, hat dazu ein ganzheitliches Konzept erarbeitet, das moderne *wayfinding*-Strategien in die Praxis umsetzt. Dazu gehört auch der Einsatz innovativer Präsentationstechnologien wie LC-Displays, Plasma-Monitore und Großprojektionen. Bei der Formgebung der Informationsträger muß zum einen beachtet werden, daß im Vordergrund die Wegeleitung steht, zum anderen darf das Design nicht mit den anderen Gestaltungselementen im Bahnhof konkurrieren. Eine gute Lesbarkeit in allen Komponenten wird insbesondere über Farbgebung, Schriftart und -größe sowie die Verwendung von Piktogrammen erreicht. Vorrangig jedoch werden unterschiedliche Farbcodes eingesetzt. So befinden sich Reiseinformationen auf blauen Farbflächen, während weiterführende Verkehrsverbindungen wie Taxi, U-Bahn oder Tram auf grauem Fond dargestellt werden. Serviceangebote der Deutschen Bahn erscheinen auf gelben Informationsflächen. Schließlich müssen die einzelnen Informations- und Orientierungspunkte nur noch dort angebracht werden, wo sie der Benutzer erwartet.

Die Gestaltungsrichtlinien für dieses Wegeleitsystem wurden von CDC in Layout und Raster durchgängig systematisiert und bildeten die Grundlage einer Software, die ebenfalls von dem Frankfurter Unternehmen entwickelt wurde. Die Gestaltung des einzelnen Schildes ist nun per Knopfdruck möglich, so daß es mit Hilfe des Computers gelingt, in relativ kurzer Zeit mehr als 140.000 Informationsträger in einem einheitlichen Erscheinungsbild zu realisieren.

Verläßt der Reisende den Zuständigkeitsbereich der Deutschen Bahn AG, wird er aufgenommen und zuverlässig weitergeleitet von den sogenannten »Perlschnüren«, die das Berliner Gestaltungsbüro Meta Design plus für die Berliner Verkehrsbetriebe (BVG) entwickelt hat. Mit Hilfe der farbigen Perlschnüre, auf querformatige, weißgrundige Informationsträger gedruckt, erkennt der Bahnbenutzer sofort, wo er sich befindet, welches der Zielort der Linie auf diesem Bahnsteig ist, welche Stationen bereits passiert wurden, welche noch kommen und schließlich, wo man umsteigen kann. Die Linien-

Schilderwald,
Lehrter Bahnhof
vor dem Abriß 1957

übersichten befinden sich überall dort, wo sich der Fahrgast orientieren und seine Schritte entsprechend lenken muß, vorzugsweise an U-Bahntreppen und Bahnsteigpfeilern.

Will man sich einen Überblick über das große Ganze verschaffen und den eigenen Standort darin bestimmen, konsultiert man die auf jeder Bahnsteigseite angebrachten Übersichtstafeln von der Größe eines Werbefeldes. Diese »Superspinnen« zeigen nämlich auf übersichtliche und leicht verständliche Weise das gesamte Berliner Schnellbahnnetz mit allen S- und U-Bahnlinien.

U-Bahnsteig
Warschauer Straße
BVG/Metadesign
Foto: Y. Maecke

links: Neues Leitsystem
am Bhf. Alexanderplatz

rechts: Reiseinformationen
zur raschen Orientierung,
Gestaltung von: Studio De Lucchi

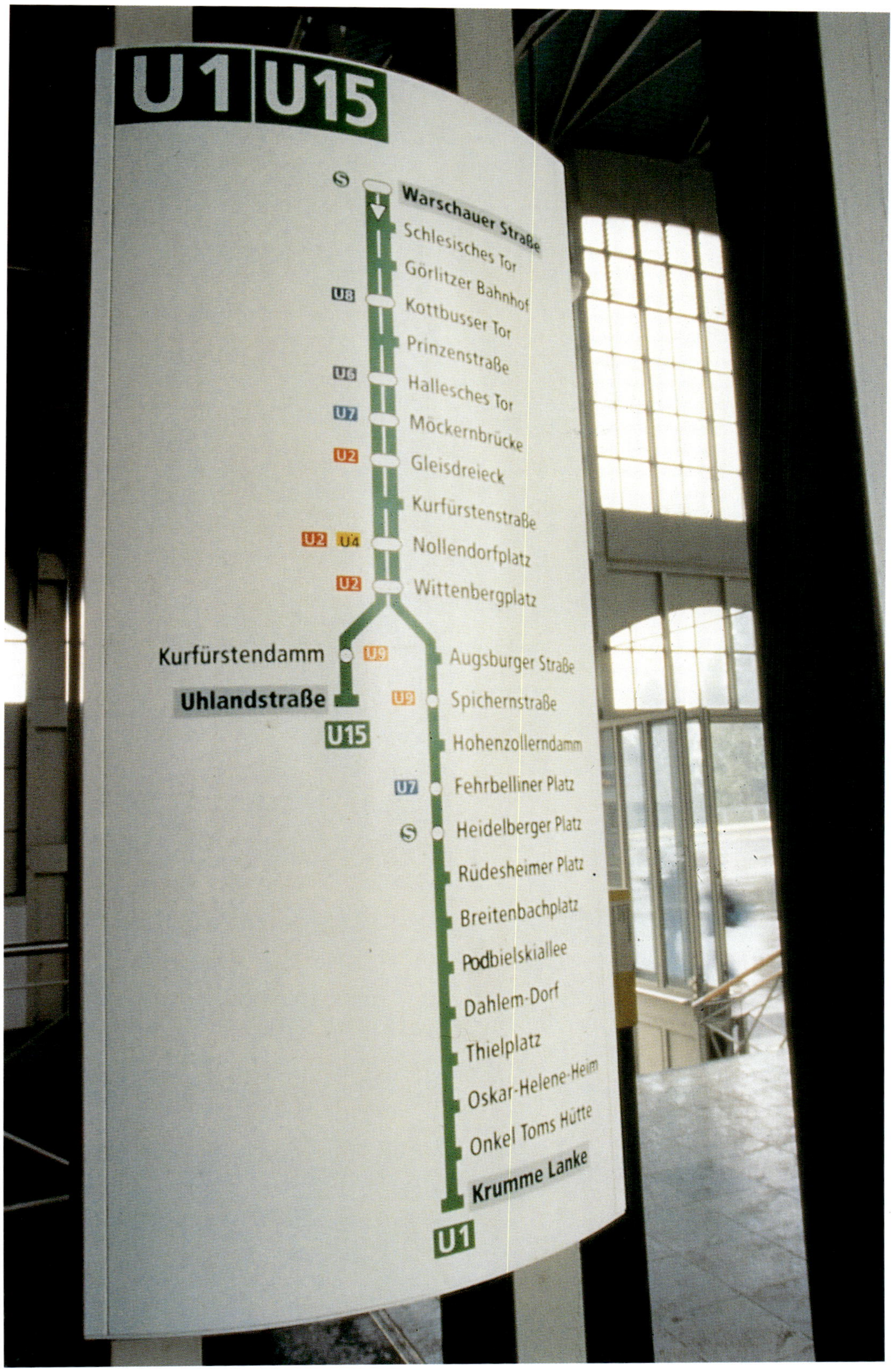

Perlschnur U1/ U15
BVG/Metadesign
Foto: Y. Maecke

BILDNACHWEIS

Wir danken folgenden Leihgebern und Fotografen, die uns Abbildungsvorlagen zur Verfügung gestellt haben:

AS ArchitektenSocietät, Berlin S. 60 oben

Becker, Gewers, Kühn & Kühn Architekten BDA, Berlin
S. 31, S. 32

DB Projekt GmbH Knoten Berlin Deutsche Bahn Gruppe
S. 22, S. 23, S. 24., S. 25, S. 45 oben, unten rechts, S. 49, S. 51, S. 64 oben, S. 65 , S. 67, S. 72, S. 73, S. 82, S. 97, S. 105 oben

DB, Berlin S. 18, S.19 Mitte, S. 19 unten, S. 29 oben, S. 39, S. 47, S. 48 oben links, S. 57, S. 85, S. 89, S. 92, S. 95 unten, S. 100, S. 116

Deutsche Bahn AG, Zentralbereich Konzernkommunikation, Berlin S. 29 unten, S. 39 unten, S. 40, S. 45 unten links, S. 59, S. 60, S. 61, S. 89, S. 104 unten, S.105 unten, S.108, S. 120, S. 121 oben, S. 122, S. 123

Dörr · Ludolf · Wimmer, Berlin S. 52, S. 53, S. 55, S. 93

Geo Information Consult, Berlin
S. 111, S. 112, S. 113 unten

von Gerkan, Marg und Partner, Hamburg
S. 63, S. 64 unten, S. 71, S. 74–75, S. 76, S. 77, S. 106, S. 107, S. 109

Hentschel Oestreich Dipl. Ing. Architekten, Berlin
S. 68, S. 69, S. 101

J · S · K Dipl. Ing. Architekten, Berlin
S. 79, S. 80, S. 82, S. 83, S. 86–87

Landesbildstelle Berlin
S. 13, S. 14 oben, S. 14 unten, S. 15, S. 16, S. 17, S. 19 oben, S. 21, S. 95 oben, S. 103, S. 104 oben, S. 125

MetaDesign plus GmbH, Berlin S. 126 oben, S. 127

Modersohn - Freiesleben, Berlin S. 98, S. 99

Ruschitzka & Trebs Ingenieurbüro, Berlin S. 33

Alexander Schippel S. 50

Studio De Lucchi, Mailand
S. 117–119, S. 121 unten, S. 126 unten rechts

Transrapid International S. 113 oben

Wehner · Gaisser · Schulz Architekten, Berlin
S. 35, S. 36, S. 37, S. 90, S. 91,

Weinkamm Architekten, Berlin S. 48 unten rechts

Werner Huthmacher/ Architekton, Mainz
S.41, S. 42–43, S. 126 unten links